你的观念错在哪里？

孙颢 编著

中国华侨出版社

图书在版编目（CIP）数据

你的观念错在哪里/孙颢编著.—北京：中国华侨出版社，2010.7
ISBN 978-7-5113-0561-9

Ⅰ.①你… Ⅱ.①孙… Ⅲ.①成功心理学—通俗读物
Ⅳ.①B848.4-49

中国版本图书馆 CIP 数据核字（2010）第 140716 号

● 你的观念错在哪里

编　　著/孙　颢	
责任编辑/尹　影	
经　　销/新华书店	
开　　本/710×1000 毫米　1/16　印张 15　字数 200 千字	
印　　数/5001-10000	
印　　刷/北京一鑫印务有限责任公司	
版　　次/2013 年 5 月第 2 版　2018 年 3 月第 2 次印刷	
书　　号/ISBN 978-7-5113-0561-9	
定　　价/29.80 元	

中国华侨出版社　北京市朝阳区静安里 26 号通成达大厦 3 层　邮编 100028
法律顾问：陈鹰律师事务所
编辑部：（010）64443056　　64443979
发行部：（010）64443051　　传真：64439708
网　　址：www.oveaschin.com
e-mail：oveaschin@sina.com

前 言

观念，是人的一种心灵模式；人总是通过观念来解读一切事物。观念决定着你的思维方式、情感方式、行为方式；观念直接支配着人的实际思想、实际行为。一个人，有什么样的观念就有什么样的行为，有什么样的行为就有什么样的习惯；有什么样的习惯就有什么样的性格；有什么样的性格就有什么样的命运。

如果用大海和长河来比喻知识和能力，那么观念是什么？观念是这一切水的源头。因为观念的更改，中国人从一个古老的封建社会发展到如今的高科技时代；因为观念的更改，中国女人从裹着小脚的"三寸金莲"的屈辱时代走到了昂首阔步的今天。历史的哪一次变迁不是"人"这种不知疲倦的动物脑子里的那个观念推动的结果？观念决定着一个朝代的兴起，同样也决定着一个朝代的灭亡；决定着一个国家的强大，也决定着一个国家的衰亡；决定着一个人的成功，也决定着一个人的失败……

不同的思维方式和层次决定着不同的人生风光。不要说你技不如人，也不要说你背景太差。客观原因造成的误差永远都不可以成为你落后的借口，还是认真考虑一下你自身的原因吧。真正的决定性因素就是我们所说的"观念"。亿万财富买不到一个好的观念，但好的观念却能让你赚到亿万财富。一个讯息从地球这一端到另一端只需0.05秒，而一个观念从大脑外传到大脑内却需要1年、3年甚至15年。

　　为什么有些人在发现、捕捉商机上能够独具慧眼、先知先觉，根本原因在于其思想不保守，观念更新快。都说知识改变命运，其实观念才能真正改变人的命运，仅凭知识是改变不了命运的。许多自诩才高八斗、学富五车的人不照样穷困终身吗？而一字不识的文盲照样能身价上亿。原因何在？不就是他们脑瓜子灵活，观念更新得快吗？

　　思路决定出路，观念改变人生。正确的观念是获取成功的前提，可以帮助我们走出思维误区，找到成功之路。但凡在人生舞台上取得辉煌成就的人，都是勇于打破常规、具有前瞻视野、观念独特的人。古人说得好："一念之差，谬以千里。"具有什么样的观念，就决定了你有什么样的人生。观念既影响命运，也能改变命运！

　　成功学的创始人拿破仑·希尔说："世界上一切的财富和一切的成功都始于一个人观念的转变。"观念就是转变人生的基础和起点，让我们用灵魂撞击梦想，用观念超越梦想，成就美满的人生吧！

目 录

第一章 时间不是用来浪费的——时间观

算一算你走过了多少个日夜，你能记起多少往事，拥有多少有用的人生财富。人生转眼一百年，有几个人能享此殊荣？时间，这个永恒的话题，从古至今有多少人在说？而又有多少人后悔地在说？多少人在惋惜中劝慰着后代子孙："韶华难留，惜时如金。"可是，有多少人仍然不能猛醒——时间不是用来浪费的，不要等到花落之后空折枝。

最该珍惜的是现在 ·················· 2
避免跌入"还有明天"的陷阱 ·················· 3
快一步就可胜一步 ·················· 7
让自己快速行动起来 ·················· 10
把握好零碎的时间 ·················· 12
谁偷了你的时间 ·················· 14
要学会说"不" ·················· 16

第二章　一屋不扫，何以扫天下——细节观

　　一粒沙里看世界，一滴水里藏乾坤。生活中的小事是体现一个人整体风貌的重要标志，但有的人却经常忽略自己身边的小事，忽略自己在细节上的修养。结果由于一丝一毫的误差，得到的是不想得到的结果，失去的却是不愿失去的珍爱。一屋不扫，何以扫天下？小事不顾，何以成大事？做人应学会从细节做起，从小事做起。

　　不要忽视细微的信息 …………………………………………… 20
　　没有最好，只有更好 …………………………………………… 23
　　不要忽视着装的重要性 ………………………………………… 26
　　要有正确的着装观念 …………………………………………… 28
　　着装里藏有学问 ………………………………………………… 30
　　别让小动作毁了自己的形象 …………………………………… 35
　　一个笑容能让你的形象熠熠生辉 ……………………………… 38

第三章　高调不用自己每天唱——处世观

　　低调不等于卑微。只有那些真正卑微的人，才会用高调来粉饰自己以掩盖丑陋，以填平那个自觉低人一等的鸿沟。低调一点儿做人，才是真正聪明的表现。这种进可攻、退可守的人生大略你一定要学会。不要不分时宜地唱高调，否则最终受伤的是自己。

　　入世先察己 ……………………………………………………… 42
　　低调为入世奠基 ………………………………………………… 44

不要轻易让自己高出于人 …………………………………… 46
自视高人一等只会被孤立 …………………………………… 48
才高自敛方是自保之道 ……………………………………… 50
贵而不显，富而不炫 ………………………………………… 53
言行不要太出格 ……………………………………………… 55

第四章　向前看，金钱不是万能的——金钱观

有人说:"有钱能使鬼推磨,"甚至还有人说:"有钱能使磨推鬼。"金钱的力量难道真的就如此巨大吗？我们每天都在和这个叫做"金钱"的东西打交道,可是,你是否看到了它让时间倒流？让生命复活？没有,金钱的价值值得肯定,但却不能盲目肯定。我们不能让这个没有思想的东西牵着鼻子走,做它的奴隶。

要正确看待金钱 ……………………………………………… 60
要追求比赚钱更高的理想 …………………………………… 62
不要做金钱的奴仆 …………………………………………… 65
君子爱财应取之有道 ………………………………………… 67
要稳中求财 …………………………………………………… 69
要将聪明用在正处 …………………………………………… 72
用钱也该有计划 ……………………………………………… 74

第五章　靠得紧也不一定温暖——人脉观

交朋友,三教九流,各色人等,似乎每一个人身上都有我们可以与之相交的原因。但你需要明白:不是所有的朋友都可以交,就如不是所

有的蘑菇都可以吃一样。交一个好朋友可以给你带来无限的好处；交一个坏朋友，给你带来的坏处也是无法估量的。所以，交朋友一定要慎重。

距离效应 …………………………………………………… 80
亲密需适度 ………………………………………………… 83
要给自己留一点儿缝隙 …………………………………… 85
学会反向识人 ……………………………………………… 88
患难时更显真情 …………………………………………… 91
隐观人心 …………………………………………………… 94
交友务必求精 ……………………………………………… 96

第六章　无知是成功路上的绊脚石——学习观

从来没有看见过哪一个无知的人可以成就一番大事。知识是人类赖以传承和发展的最有利的武器，一个人的无知会遭致社会的厌弃和鄙夷，一个国家的无知则会遭致覆灭。当你想要成功时，就必须先搬开无知这块最大的绊脚石。

学习是竞争的需要 ………………………………………… 100
成功离不开知识 …………………………………………… 102
积累知识很重要 …………………………………………… 104
学习是终身要做的事 ……………………………………… 107
要有自己的学习目标和计划 ……………………………… 109
让学习帮助你成就事业 …………………………………… 112
不要轻视自学的机会 ……………………………………… 116

第七章　不要和对手拼个你死我活——竞争观

如果竞争的最终目的只是为了得到一个你死我活的结局，那就是一种最原始、最不人道的竞争了。随着全球合作化时代的来临，竞争何不也换一种方式？如果竞争的双方能够在竞争中达成共赢，下一盘和棋，双双获利，不是更好吗？

什么是竞争的绝佳境界…………………………………………120
一定要具备双赢观………………………………………………122
双赢需制度作保证………………………………………………124
竞争也不要忘记合作……………………………………………127
培养合作精神……………………………………………………129
掌握正确的合作方法……………………………………………131
坚持合作原则……………………………………………………133

第八章　责任成就大业——责任观

当父母赐予我们生命的时候，也同时赐予了我们责任。我们在家庭里要尽一个家庭角色的责任，在社会中要尽一个社会角色的责任。我们不应该推卸这个责任。因为，这是一种人生价值的体现。而且你能背负的责任越大，就越证明你是一个有用的人。那些推卸责任的人，同时也推卸了自己的价值，承认了自己的无能。

要担起重大的责任………………………………………………138
人生应与责任相伴………………………………………………140

要对自己负责	142
要尊重自己的工作	144
机遇垂青心态积极负责的人	146
让自己敢作敢为	148
要孝敬父母	151

第九章　陈旧的观念是没有方向的舵盘——新旧观

市场发展到一定程度，资本越来越集中，竞争也必然越来越残酷，要想时刻站在时代的前沿，就必须有创新意识。福特公司创始人享利·福特说："不创新，就灭亡。"创新是企业生存的根本，是发展的动力，是成功的保障。

只有更新观念才能发展	156
唯一不变的是变化	157
创新思维的生理机能	159
创新要勇于挑战传统	162
创新不要被经验的偏见所左右	166
创新不要被位置蒙蔽了眼睛	167
天马行空的想象未必风马牛不相及	170

第十章　取巧不等于投机——进退观

人生的路不能走一步看一步。如果那样，就该是人生的一种悲哀了。我们爱惜自己，就该为自己设计长远的目标。有目标、有计划地安排自己的人生，并努力达成这个目标。如果是走一步看一步，那我们就

失去了做人的主动性和自觉性,这无疑是对自己能力的浪费和自我否定,是一种不健康的人生观念。

明确人生的方向 ·· 174
不要偏离了灯塔指引的方向 ···························· 177
制定目标必须坚持的 6 项原则 ······················· 179
要专注于目标 ··· 182
给自己的目标分段 ······································· 185
运用合适的方法完成目标 ······························ 187
学会放弃一些目标 ······································· 189

第十一章 得之坦然,失之泰然——悲喜观

人的情绪有很多种,但快乐才是最重要的。一个人能够在生活的熔炉里始终快乐地接受生命的赐予,是所有珍惜你、爱护你的人都极其希望看到的。不要让自己那张脸因不快乐而变得伤痕累累,努力接受这个世界的一切不完美,将微笑送给所有人,也许你会有意想不到的收获。

不要老盯着自己的缺点 ································ 192
对小事不要斤斤计较 ···································· 194
不要期待绝对的幸福 ···································· 196
精神的快乐才是真快乐 ································ 198
要培养忘却的能力 ······································· 202
要分清真正的困难 ······································· 204
让自己充实一点儿 ······································· 206

第十二章　成功更精彩，失败也要坚强——成败观

"捷径"因为省时省力，许多人都愿意去走一走。但捷径有捷径的走法，靠投机钻营、找歪门邪道去走捷径永远都不可能走到那个辉煌的塔尖。捷径是靠勤劳和智慧摸索出来的，当他人成功的时候，你要学会跟从和超越，这才是正确的捷径的走法。

多听别人的意见	210
从基层吸取经验	213
勤奋是迈向成功的最短路径	215
要做到勤学善思	217
勇气造就辉煌	220
带着勇气上路	222
走出模仿误区	225

时间不是用来浪费的——时间观

算一算你走过了多少个日夜,你能记起多少往事,拥有多少有用的人生财富。人生转眼一百年,有几个人能享此殊荣?时间,这个永恒的话题,从古至今有多少人在说?而又有多少人后悔地在说?多少人在惋惜中劝慰着后代子孙:"韶华难留,惜时如金。"可是,有多少人仍然不能猛醒——时间不是用来浪费的,不要等到花落之后空折枝。

最该珍惜的是现在

"逝者如斯夫,不舍昼夜"。时光在飞速地流逝,任谁也不能拦住它停留片刻。正是从这种时光的不可抗拒的流逝中,我们领悟到了生命的宝贵和人生的意义所在,从而懂得了必须珍惜时间,珍惜现在可以把握的今天,过好自己的人生。事实上,面对时间的流逝,我们每个人随时都在对自己的人生作出选择。寻欢作乐、无所作为、游戏人生是选择;孜孜不倦、争分夺秒、埋头苦干也是选择。不同的选择把我们导向不同的生活之路,使人生呈现出不同的色彩与价值。

苏联作家奥斯特洛夫斯基在其名作《钢铁是怎样炼成的》一书中,借主人公保尔·柯察金之口说过这样一段名言:"生命属于每个人只有一次,人的一生应当这样度过:当你回首往事时,不因虚度年华而感到悔恨,也不因碌碌无为而感到羞耻。"的确,我们应珍惜时间。时间能给勤奋的人以智慧和力量,能给懒惰的人以悔恨和惆怅。如果你希望它能给你智慧和力量,那么一定要珍惜时间,珍惜今天。

众所周知"一寸光阴一寸金",但真正理解它、明白它内涵的人不多。时间是最特殊、最易消耗、最不受重视、最没有等待性的资源。它时时刻刻都从我们身边流过。

但是,一种人总是沉浸在昨天的胜利之中,一种人总是陶醉在明天的幻想之中,唯有少部分人才会注重今天。无限的"昨天"都以"今天"为归宿,无限的"未来"都以"今天"为源泉。美好的明天需要今天付出巨大的代价和辛勤的汗水。再宏大的理想,也要去奋斗才能实现,否则它只能是梦想。

人们常说:"时间就是生命。"每一个人的生命是有限的,那么所属于他的时间也是有限的。当一个人走到生命尽头的时候，他的时间也就此停止了。古往今来，珍惜时间的事例不计其数。巴尔扎克深知时间的宝贵，独自埋头于阁楼奋笔疾书，写出巨著。齐白石青年时期，抓紧放牛打柴的时间，用心钻研绘画艺术，最后成为著名画家。作家姚雪垠的座右铭是：下苦功，抓今天。他的苦功都在抓每一个"今天"中落实了，从而完成了《李自成》这部杰出的著作。导师马克思又是如何看待时间的呢？他从来不把时间用在无谓的、没有节制的娱乐、消遣上。工作之余，他甚至把翻一翻字典作为休息，正是这样，他终于写出了巨著《资本论》。

　　历史上懂得如何珍惜时间而成功的例子举不胜举，由于拖延、浪费时间而导致失败的例子也很多。拿破仑就曾在一次战役中，放了士兵一天假而延误了战机，导致战役的失败。

　　树枯了，有再青的时候；叶子黄了，有再绿的时候；花谢了，有再开的时候；鸟儿飞走了，有再飞回来的时候；而生命停止了，却没有再复活的时候。时间的流逝永不停止，它一步一程，永不回头。时间对每个人又都是平等的，它不会因为你是勤劳者而多给，也不会因为你是懒惰者而少给。所以你就更应该珍惜时间，因为时间是生命的构成。珍惜时间才能得到财富，爱惜时间的人，时间就属于他，放弃时间的人，时间就放弃他。

避免跌入"还有明天"的陷阱

　　有一个寓言故事说，有一段时间内，人死亡的数量忽然锐减。
　　于是，阎罗王紧急召来众位鬼臣，商讨如何诱引人们下地狱。
　　会议开始，众鬼臣纷纷抒发己见。

牛头率先发表意见说:"让我去告诉人类:'丢弃良心吧!世上根本就没有天堂!'"

阎王考虑了一会儿,摇了摇头,表示否定。

接着,马面提议说:"让我去告诉人类:'尽情地为所欲为吧!因为死后根本就没有地狱!'"

阎王想了想,还是摇摇头。

过了一会儿,旁边一个小鬼说:"我去对人类说:'还有明天!'"

阎王眼睛一亮,这回他终于点了头,表示认同。

阎王认为,即使没有天堂,人们也不一定会丢弃良心;就算没有地狱,人们也不一定为所欲为,这些完全都不足以把人引向死亡。

"但为什么是'还有明天'?"众鬼臣疑惑地问。

阎王说:"如果还有明天,那么人们便会更加纵欲享乐,即使面临死亡也不怕,因为'还有明天'啊!"

这个寓言完全颠覆了"还有明天"的正面意义,让正想纵情纵欲的人,或丢弃人性良知的人,心灵遭受蒙蔽,看不见死亡的陷阱。

面对私心越来越重的现代人,这个黑色寓言或许可以作为警示,特别是当你想纵情享乐时,别忘了死亡也正悄悄地降临在你的身边。

凡事不会只有一个方面,就像"还有明天"一定代表着"明天还有机会",如果"今天"的你仍然不懂珍惜时间,只知浪费生命,再多的"明天",也只是让你用更多的时间消耗生命而已。这里有一个故事,以前五台山的山顶上有一座寺庙,每天都有许多人上香拜佛,香火很旺。在寺庙的横梁上有个蜘蛛结了张网,由于每天都受到香火熏陶,蜘蛛便有了佛性。经过了近千年的修炼,蜘蛛的佛性增加了不少。

忽然有一天,佛祖光临了这座寺庙,看见这里香火甚旺,十分高兴。离开寺庙的时候,不经意间抬头,看见了横梁上的蜘蛛。佛祖停下来,问这只蜘蛛:"你我相见总算是有缘,我来问你个问题,看你修炼

第一章
时间不是用来浪费的——时间观

了这1000多年，有什么真知灼见？"

蜘蛛遇见佛祖很是高兴，连忙答应了。佛祖问道："什么才是世间最珍贵的？"蜘蛛想了想，回答道："世间最珍贵的是'得不到'和'已失去'。"佛祖淡淡地点了点头，离开了。

就这样又过了500年，蜘蛛依旧在这座寺庙的横梁上修炼，它的佛性大增。一日，佛祖又来到寺前，对蜘蛛说道："对于500年前的那个问题，你可有什么更深的认识吗？"蜘蛛说："我觉得世间最珍贵的还是'得不到'和'已失去'。"佛祖说："你再好好想想，我会再来找你的。"

又过了500年，有一天，刮起了大风，风将一滴甘露吹到了蜘蛛网上。蜘蛛望着甘露，见它晶莹透亮很漂亮，顿生喜爱之意。

蜘蛛一整天看着甘露很开心，它觉得这是几千年来最开心的一天。突然，刮起了一阵大风，将甘露吹走了。蜘蛛一下子觉得失去了什么，感到很失落和难过。这时佛祖又来了，问蜘蛛："你可好好想过这个问题：什么才是世间最珍贵的？"蜘蛛想到了甘露，对佛祖说："世间最珍贵的是'得不到'和'已失去'。"佛祖说："好，既然你这样想，我让你到人间走一遭吧。"

就这样，蜘蛛投胎到了一个官宦家庭，成了一个富家小姐，父母为她取了个名字叫蛛儿。一晃，蛛儿16岁了，成了一个婀娜多姿的少女。这一日，皇帝决定在后花园为新科状元郎甘露举行庆功宴席。来了许多妙龄少女，包括蛛儿，还有皇帝的小女儿和风公主。

状元郎在席间表演诗词歌赋，在场的少女无不为他倾倒。但蛛儿一点儿也不紧张吃醋，因为她知道，这是佛祖赐予她的姻缘。

一天，蛛儿陪同母亲到庙里进香，正好甘露也陪同母亲而来。上完香拜过佛，二位长者在一边说上了话。蛛儿和甘露便来到走廊上聊天，蛛儿很开心，终于可以和喜欢的人在一起了，但是甘露并没有表现出对她的喜爱。蛛儿对甘露说:"你难道不曾记得16年前,我们就曾结识过吗?"甘露很诧异,说:"蛛儿姑娘,你漂亮,也很讨人喜欢,但你的想象力未免太丰富了吧。"说罢,和母亲离开了。

蛛儿奇怪地想,佛祖既然安排了这场姻缘,为何不让他记得那件事,甘露为何对我没有一点儿感觉?

几天后,皇帝下诏,命新科状元甘露和和风公主完婚,蛛儿和太子芝草完婚,这一消息对蛛儿如同晴空霹雳,她怎么也想不通,佛祖竟然这样对她。

几日来,她不吃不喝,生命危在旦夕。太子芝草知道了,急忙赶来,扑倒在床边,对奄奄一息的蛛儿说道:"那日,在后花园众姑娘中,我对你一见钟情,我苦苦哀求父皇,他才答应。如果你死了,我也就不活了。"说着就拿起了宝剑准备自刎。

就在这时,佛祖来了,他对快要出窍的蛛儿的灵魂说:"蜘蛛,你可曾想过,甘露是由谁带到你那里来的呢?是风带来的,最后也是风将它带走的。甘露是属于和风公主的,他对你不过是生命中的一段插曲。而太子芝草是当年寺门前的一棵小草,他看了你2000年,爱慕了你2000年,但你从没有低下头看过它。蜘蛛,我再来问你,什么才是世间最珍贵的?"蜘蛛一下子大彻大悟了,她对佛祖说:"世间最珍贵的不是'得不到'和'已失去',而是现在能把握的。"刚说完,佛祖就离开了,蛛儿的灵魂也回位了,睁开眼睛,看到正要自刎的太子芝草,她马上打落宝剑,和太子紧紧地拥抱在一起……

其实很大程度上,我们心灵平静的程度取决于我们能否生活在现在时,无论昨天发生了什么,明天也许发生或不发生什么,你身处的都是现在时——永远如此!

许多人让过去的问题和未来的忧虑来控制我们的现在,以至于以焦虑、沮丧和不抱希望而告终。

第一章
时间不是用来浪费的——时间观

仔细想想，即使昨天美妙异常，我们又怎能追得回？即使明天迷雾重重，我们又怎能在今天就揭开它的神秘面纱？我们所能把握的不是昨天，也不是明天，只有今天。

快一步就可胜一步

在激烈竞争的商战中，时间是战胜对手的一个重要因素，谁在时间上领先一步，谁就有可能取得节节的胜利。只有做到这一点才能满足新时代人们的要求，并将你的技术革新变得方便实用，这样，你才会牢牢地占据市场，并以此为动力不断发展。比尔·盖茨在"卓越"软件的开发上所表现出来的眼光与胆识，就是很好的说明。而且他一再声称现在的商业竞争没有什么秘密，谁能在最短的时间内发挥出自己的优势，谁就能"称王"。

比尔·盖茨在长期的实践中，对这一点体会最深，也正是凭借着这一点，他才能在许多危机关头采取断然的措施，抢在别人前面，获得成功。

"永远比人快一步"是微软在多年的实战中，总结出来的一句名言。这句名言在微软与金瑞德公司的一次争夺战中，表现得尤其明显。

金瑞德公司根据市场需求，经过潜心研制，推出了一套旨在为那些不能使用电子表格的客户提供帮助的"先驱"软件。这是一个巨大的市场空白，毫无疑问，如果金瑞德公司成功，那么微软不仅白白让出一块阵地，而且还有其他阵地被占领的危险。

面对这种情况，比尔·盖茨感到自己面临的形势十分严峻，他为了击败对手，迅速作出了反应，秘密地安排了一次小型会议，把公司最高决策人物和软件专家都集中到西雅图的苏克宾馆，整整开了两天的"高层峰会"。

在这次会议上，比尔·盖茨宣布会议的宗旨只有一个，那就是尽快推出世界上具有最高速的电子表格软件，以便赶在金瑞德公司之前占领市场的大部分资源。

微软的高级技术人员们在明白了形势的严峻性之后，纷纷主动请缨，比尔·盖茨在经过反复的衡量之后，决定由年轻的工程师麦克尔挂帅组建一个技术攻关小组，主持这套软件的技术开发。麦克尔与同仁们在技术研讨会议上透彻地分析和比较了"先驱"和"耗散计划"的优劣，议定了新的电子表格软件的规格和应具备的特性。

为了使这次计划得到全面的落实和执行，比尔·盖茨没有隐瞒设计这套电子表格软件的意图，从最后确定的名字"卓越"中，谁都能够嗅出挑战者的气息。

作为这次开发项目的负责人，麦克尔深知自己肩上担子的分量，对于他来说，要实现比尔·盖茨所号召的"永远领先一步"，首先意味着要超越自我、征服自我。

但是，事情的发展从来都不是一帆风顺的，现实往往出乎人们意料之外。

1984年的元旦是世界计算机史上一个影响深远的里程碑，在这一天，苹果公司正式宣布推出首台个人电脑。

这台被命名为"麦金塔"的陌生来客，是以独有的图形"窗口"作为用户界面的个人电脑。"麦金塔"以其具有更好的用户界面走向市场，从而向IBM个人电脑发起攻势强烈的挑战。

比尔·盖茨闻风而动，立即制定相应的对策，决定放弃"卓越"软件的设计。而此时，麦克尔和程序设计师们正在挥汗拼搏、忘我工作，并且"卓越"电子表格软件也已初见雏形。经过再三考虑，比尔·盖茨还是不得不做出了一个心痛的决定，他正式通知麦克尔放弃"卓越"软件的开发，转向为苹果公司"麦金塔"开发同样的软件。

麦克尔得知这一消息后，百思不得其解，他急匆匆地冲进比尔·盖茨的办公室：

"我真不明白你的决定！我们没日没夜地干，为的是什么？金瑞德是在软件开发上打败我们的！微软只能在这里夺回失去的一切！"

比尔·盖茨耐心地向他解释事情的缘由：

"从长远来看，'麦金塔'代表了计算机的未来，它是目前最好的用户界面电脑，只有它才能够充分发挥我们'卓越'的功能，这是IBM个人电脑不能比拟的。从大局着眼，先在麦金塔取得经验，正是为了今后的发展。"

看到自己负责开发研究的项目半路夭折，麦克尔不顾比尔·盖茨的解释，恼火地嚷道："这是对我的侮辱，我绝不接受！"

年轻气盛的麦克尔一气之下向公司递交了辞职书。无论比尔·盖茨怎么挽留，他也毫不松口。不过设计师的职业道德驱使着他尽心尽力地做完善后工作。

麦克尔把已设计好的部分程序向麦金塔电脑移植，并将如何操作"卓越"制作成了录像带。之后，便悄悄地离开了微软。

爱才如命的比尔·盖茨，在听说麦克尔离开微软后，在第一时间里立即动身亲自到他家中做挽留工作，麦克尔欲言又止，始终不肯痛快答应。盖茨只好怀着失落的心情离开了麦克尔的家。

麦克尔虽然嘴上说不回微软，但他的内心不仅留恋微软，而且更敬佩比尔·盖茨的为人和他天才的创造力。

第二天，当麦克尔出现在微软大门时，紧张的比尔·盖茨才算彻底地松了一口气："上帝，你总算回来了！"

感激之情溢于言表的麦克尔紧紧地拥抱住了早已等候在门前的比

尔·盖茨,此后,他专心致志地继续"卓越"软件的收尾工作,还加班加点为这套软件添加了一个非常实用的功能——模拟显示,比别人领先了一步。

嗅觉灵敏的金瑞德公司也绝非无能之辈,它们也意识到了"麦金塔"的重要意义,并为之开发名为"天使"的专用软件,而这,才正是最让盖茨担心的事情。

微软决心加快"卓越"的研制步伐,以便抢在"天使"之前推出"卓越"系列产品。半个月后,"卓越"正式研制成功,这一产品在多方面都远远超越了"先驱"软件,而且功能更加齐全,效果也更完美。因此,产品一经问世,立即获得巨大的成功,各地的销售商纷纷上门定货,一时间,出现了供不应求的局面。

此后,苹果公司的麦金塔电脑大量配置卓越软件。许多人把这次联姻看成是"天作之合"。而金瑞德公司的"天使"比"卓越"几乎慢了3周。这3周就决定了两个企业不同的命运。

商战中,时间上的竞争优势常常可以决定一个企业的生死存亡。"卓越"的领先3周很清楚地证明了这一点。人生的竞争也与此相同,只不过有时不太明显。但需要有志者清楚地看清这一点,尽早积蓄力量,以备作战。

让自己快速行动起来

德谟斯特斯是古希腊的雄辩家,有人问他雄辩之术的首要是什么?
他说:"行动。"
第二点呢?"行动。"
第三点呢?"仍然是行动。"

第一章
时间不是用来浪费的——时间观

人有两种能力，思维能力和行动能力。没有达到自己的目标，往往不是因为思维能力，而是因为行动能力。

克雷洛夫说："现实是此岸，理想是彼岸，中间隔着湍急的河流，行动则是架在河上的桥梁。"只有行动才会产生结果。行动是成功的保证。任何伟大的目标，伟大的计划，最终必然落实到行动上。

拿破仑说："想得好是聪明，计划得好是更聪明，做得好是最聪明又是最好的。"

永远都是你采取了多少行动决定了你的想法实现的程度，而不是你知道多少。所有的知识必须化为行动才能实现它的价值。不管你现在决定做什么事，不管你设定了多少目标，你一定要立刻行动。唯有行动才能决定你的价值。

假如你具备了知识、技巧、能力、良好的态度与成功的方法，懂的比任何人都多，但你还是可能不会成功。因为你还必须要行动，一百个知识不如一个行动。

假如你终于行动了，但还不一定会成功，因为太慢了。在现代社会，行动慢，等于没有行动。你只有快速行动，立刻去做，比你的竞争对手更早一步知道、做到，你才会成功。

任何时候，任何地方，你都可以轻易得到任何你所需要的知识与信息，你也会知道昨天晚上，你的竞争对手是否比你多掌握了一些你所不知道的信息。

也许现在的年轻人轻易就可以知道许多人成功的经验，而他们都将是你未来的竞争对手。这些事情在告诉我们：必须掌握时间，立即行动！能够超越你竞争对手的关键，能够帮助你达到目标的关键，能够帮助你占领市场的关键，能够帮助你成功致富的关键只有一个——快速行动。

失败的主要原因是拖延，失败者的最大弱点是犹豫不决，这些人天天在考虑、在分析、在判断，迟迟下不了决心，总是优柔寡断。好不容易做了决定之后，又时常更改，不知道自己要的是什么。终于决定要实施了，他们第一件事就是拖延、不行动，告诉自己："明天再说"、"以后再说"、"下次再做"。这样的人怎么可能成功呢？

因为行动可以改变你的命运，改变我的命运，改变大家的命运，改变整个世界的命运。所以我们只能用行动去改变一切不良的现状。但我们心里还必须清醒地知道，当我们试图改变的时候，别人也在试图改变。这样，我们只能选择以最快的速度进攻，像田径场上运动员那样快速地朝着终点奔跑而去。

把握好零碎的时间

我们每天的生活和工作时间中都有很多零碎时间，不要认为这种零碎时间只能用来例行公事或办些不太重要的杂事。最优先的工作也可以在这少许的时间里来做。如果你照着"分阶段法"去做，把主要工作分为许多小的"立即可做的工作"，那么你随时都可以做些费时不多却重要的工作。

因此，如果你的时间被那些效率低的人影响而浪费掉了，请记住：这是你自己的过失，不是别人的过失。

美国近代诗人、小说家和出色的钢琴家爱尔斯金善于利用零散时间的方法和体会颇值得借鉴。他写道：

"其时我大约只有14岁，年幼疏忽，对于卡尔·华尔德先生那天告诉我的一个真理未加注意，但后来回想起来真是至理名言，以后我就得到了不可限量的益处。"

"卡尔·华尔德是我的钢琴教师。有一天，他给我教课的时候，忽然问我：每天要练习多少时间钢琴？我说大约三四个小时。"

"你每次练习，时间都很长吗？是不是有个把钟头的时间？"

"我想这样才好。"

"不，不要这样！"他说，"你将来长大以后，每天不会有长时间的空闲的。你可以养成习惯，一有空闲就几分钟几分钟地练习。比如在你上学以前，或在午饭以后，或在工作的空余时间，5分钟、5分钟地去练习。把小的练习时间分散在一天里面，如此则弹钢琴就成了你日常生活中的一部分了。"

"当我在哥伦比亚大学教书的时候，我想兼从事创作。可是上课、看卷子、开会等事情把我白天晚上的时间完全占满了。差不多有两个年头我一字不曾动笔，我的借口是没有时间。后来才想起了卡尔·华尔德先生告诉我的话。到了下一个星期，我就把他的话实践起来。只要有5分钟左右的空闲时间我就坐下来写作一百字或短短的几行。"

"出乎意料之外，在那个星期的终了，我竟写出了相当的稿子准备自己来修改。"

"后来我用同样积少成多的方法，创作长篇小说。我的教授工作虽一天比一天繁重，但是每天仍有许多可供利用的短短余闲。我同时还练习钢琴，发现每天小小的间歇时间，足够我从事创作与弹琴两项工作。"

"利用短时间，其中有一个诀窍：你要把工作进行得迅速，如果只有5分钟的时间给你写作，你切不可把4分钟消磨在咬你的铅笔尾巴。思想上事前要有所准备，到工作时间来临的时候，立刻把心神集中在工作上。迅速集中脑力，幸亏不像一般人所想象的那样困难。我承认我并不是故意想使5分、10分钟不要随便过去，但是人类的生命是可以从这些短短的闲歇闲余中获得一些成就的。卡尔·华尔德对于我的一生有极重大的影响。由于他，我发现了极短的时间如果能毫不拖延地充分加以利用，就能积少成多地供给你所需要的长时间。"

这就是爱尔斯金的时间利用法。小额投资足以致富的道理显而易见，然而，很少有人注意，零碎时间的掌握却足以叫人成功。在人人喊忙的现代社会里，一个愈忙的人，时间被分割得愈细碎，无形中时间也相对流失得更迅速，其实这些零碎时间往往可以用来做一些小却有意义的事情。例如袋子里随时放着小账本，利用时间做个小结，保证能省下许多力气，而且随时掌握自己的经济情况。常常赶场的人可以抓住机会反复翻阅日程表，以免遗忘一些小事或约会，同时也可以盘算到底什么时候该为家人或自己安排个休假，想想自己的工作还有什么值得改进的地方，尝试给公司写几条建议等。只要你善于利用，小时间往往能办大事。

一个只知道抱怨时间不够用的人是因为不善于利用零碎的时间，不会挤时间做一些必须要做的工作。那些时间的"边角料"收集起来其实是一笔不小的财富，我们应该学会利用零碎的时间为自己服务。

谁偷了你的时间

人在童年时代，对于光阴的流逝很少有感触，但是随着年龄的增长，时间就会显得越来越珍贵。尤其是逢年过节，总感觉时间太快。

时间如同金钱，愈是懂得利用的人，愈感觉到它的价值；愈是贫穷的人，愈感觉到它的可贵。问题是当你富有时，往往不知如何利用时间而任意挥霍，真正需求的时候，却已经所剩无几了。

时间管理学研究者们发现，人们的时间往往是被下述"时间窃贼"给偷走的：

1. 找东西。据对美国200家大公司职员做的调查，公司职员每年都要把6周左右的时间浪费在寻找乱放的东西上面。这意味着，他们每年要损失10%的时间。对付这个"时间窃贼"有一条最好的原则：不用的东西扔掉，把有用的东西分门别类保管好。

2. 懒惰。对付这个"时间窃贼"的办法是：

（1）使用日程安排簿；

（2）在家居之外的地方工作；

（3）及早开始。

3. 时断时续。研究发现，造成公司职员浪费时间最多的是干活时断时续。因为重新工作时，这位职员需要花时间调整大脑活动及注意力后才能在停顿的地方接着干下去。

4. 惋惜不已或白日做梦。老是想着过去犯过的错误和失去的机会，唏嘘不已，或者空想未来，这两种行为都是极浪费时间的。

5. 拖拖拉拉。这种人花许多时间思考要做的事，担心这个担心那个，找借口推迟行动，又为没有完成任务而悔恨。在这段时间里，其实他们本来能完成任务而且应转入下一个工作了。

6. 对问题缺乏理解就匆忙行动。这种人与拖拉作风正好相反，他们在未获得对一个问题的充分信息之前就匆忙行动，以至于往往需要推倒重来。这种人必须培养自己的自制力。

7. 分不清轻重缓急。即使是避免了上述大多数问题的人，如果不懂得分清轻重缓急，也达不到应有的效率。

区分轻重缓急是时间管理中很关键的问题。许多人在处理日常事务时，完全不考虑完成某个任务之后他们会得到什么好处。这些人以为每个任务都是一样的，只要时间被工作填得满满的，他们就会很高兴。或者，他们愿意做表面看来有趣的事情，而不理会不那么有趣的事情。他们完全不知道怎样把人生的任务和责任按重要性排队，确定主次。在确定每一天具体做什么之前，要问自己3个问题：

1. 我需要做什么？——明确那些非做不可、又必须自己亲自做的事情。

2. 什么能给我最高回报？——人们应该把时间和精力集中在能给自己最高回报的事情上。

3. 什么能给我最大的满足感？——在能给自己带来最高回报的事情中，优先安排能给自己带来满足感和快乐的事情。

时间是生命的本钱，一个人浪费了时间就会缩短自己的生命。时间来得匆匆去得也匆匆，要想使自己的生活更有意义，就应该珍惜属于自己短暂的时间，不让一日闲过。

要学会说"不"

生活中，琐事的纠缠往往是我们浪费时间的主要原因。许多事情对于我们而言没有任何意义，我们也不愿去做，但碍于情面，我们经常被迫去做，这样，生活不但没有了乐趣，而且还浪费了时间。所以，对于这种事情，我们应该学会说"不"。

为了躲避朋友小张，小王与妻子有家不能归，不得不躲进了旅馆。小王和小张的友谊是公司所有人都知道的，他们总是配合默契、形影不离。小张是个重友情的人，最早，他们经常下班后一起去吃晚饭，顺便谈一些轻松的话题，后来小王厌倦了，开始推托回家。

但小张婚姻上遇到了麻烦，妻子离开了他，投入了情人的怀抱。小张像所有离婚的男子一样，有点儿丧失理智，借酒浇愁，每天一下班就缠着小王去酒吧，小王的妻子为此常常抱怨。

而更可怕的是，在小王借故离开后，小张竟追到了小王的家里，他不再喝酒，只是没完没了地向小王叙说他的想法，并经常说："我们是世界上最好的朋友，胜过夫妻和所有的合伙人。"小王听了不得不点头，但也无法拒绝他的攀谈。

这样一直持续了3个月，小王和妻子的忍受力像加压的玻璃瓶马上就要爆炸了，于是小王在家里对小张的谈话置之不理，可这仍不能阻止小张的谈话，并增添了他的抱怨，他说，不管怎么样希望小王不要不理他。

小王和妻子商量了很长时间，决定在去欧洲旅行之前，只好先住进旅馆，等到小张恢复正常再说。其实，小王心里十分清楚，小张根本就没有什么不正常，只是希望他们的友情胜过一切，但他从来就没有注意到小王妻子气愤的眼神。

有很多人遇到过类似的情况，朋友的热情让你感到害怕甚至恐惧。而朋友之间各自的家庭、工作和其他社会环境都不尽相同，如果对方不考虑情况，强求让你干一些事情，你就该学会拒绝。

学会拒绝是一门艺术，比如当有朋友邀请你参加某些派对活动时，你可以用平和的语气回绝："我确实很想参加这次活动，参加这项活动一定会给我带来无穷的乐趣。但是，我今天还有很多事情必须做，恐怕不能接受你们的好意。"

回绝时可着重强调时间上的不适宜，给对方留一个台阶，这样可避免伤害对方的感情。

有时候，很难当场作出"是"或"不"的回答，这时你可以这样说："让我想想吧！我还需要一些时间来考虑这件事。"等自己想出拒绝的理由后，再给对方一个答复。

有些"脸皮薄"的人之所以害怕对别人说"不"，首先是因为缺乏坚定的自信，总认为别人拥有无可争辩的优势或特权，总觉得自己不应该也没有力量去拒绝别人，即使已经感到自己的权益受到了侵害，仍然不能从心里肯定自己的看法，也不知道怎样维护自己的权益。其次，

"脸皮薄"的人在自己的想象中过低地估计了别人对遭受拒绝的承受力，认为别人都会把被拒绝看成是对个人尊严的否定，并会因此而感到恼怒，反过来又会责难、冷淡或报复自己。只要一想到要对别人说"不"，就立即感觉到强烈的担心、紧张、烦躁与不安，好像有错的不是别人，而是自己，有一种异常的愧疚感。在这种情绪状态下，个人难以有效地表达真实的想法，大多数人宁愿忍气吞声、委曲求全。其实这种想法是完全错误的，要知道时间是你自己的，你没有必要牺牲自己、成全别人。

况且，即使你总是很随和，有求必应，也并不一定能够得到别人最真诚的肯定。只有那些善于维护自己独立和尊严的人才可能得到别人的尊重。

学会对别人说"不"，让他们知道你的权益也是应当受到尊重和保护的，你的时间也是用来干有意义的事情的。否则，你不仅会丢失自己的时间，还可能丢掉自己的自由。

第二章

一屋不扫,何以扫天下——细节观

　　一粒沙里看世界,一滴水里藏乾坤。生活中的小事是体现一个人整体风貌的重要标志,但有的人却经常忽略自己身边的小事,忽略自己在细节上的修养。结果由于一丝一毫的误差,得到的是不想得到的结果,失去的却是不愿失去的珍爱。一屋不扫,何以扫天下?小事不顾,何以成大事?做人应学会从细节做起,从小事做起。

不要忽视细微的信息

大多数人总认为只差一点点不算差，只缺一点点不算缺。但有多少人在这一点点的差距里与成功失之交臂，导致失败。每年的高考因一分之差有多少人名落孙山，谁能想到 50 亿分之一的氯霉素含量会导致出口退货……在今天这个信息优势决定成败、存亡的社会里，忽视任何一点细微的信息往往会导致失败。生活在这个信息社会的我们，观念一定要快速更新，要时刻留意信息的细微变化。

对于商界而言，信息是命根子，是赢得商业契机的绝佳工具。信息就是金钱，谁对得到的信息反应最为敏捷，并迅速采取行动，谁就占有了先机。

曾经有一位商人在与朋友的闲聊中，听到了一句话：今年滴水未降，但据天气预报部门预测，明年将是一个多雨的年份。

说者无心，听者有意。商人从朋友的话里发现了这个商机，什么与下雨关系最密切呢？当然是雨伞。

说干就干，商人着手调查当年雨伞销售情况，结果表明雨伞大量积压。于是他同雨伞生产厂家谈判，以明显偏低的价格从他们手中买来大量雨伞囤积。

转眼就是第二年，天气果然像预测的那样，雨果真下个没完。商人囤积的雨伞一下子就以明显偏高的价格出了手，仅此一个来回，商人就大赚了一笔。

信息对于今天的我们而言，就意味着财富、未来、荣誉……

那种认为信息并不重要的观念已经成为我们发展的滞障。20 世纪七八十年代的人们认为知识很重要，于是，他们教育子女要以学习数、理、化为重。以他们的观念来适应今天的时局走势显然已经落后。因为目前的社会要求不仅仅是你的数、理、化学得怎么样，更重要的是你的能力如何，能否适应这个社会的快速发展，创造更有价值的东西以供社会的需求。所以，知识很重要，能力更重要。掌握这一点信息你就有了前进的方向。随时注意一些细微的信息，将更有益于你的事业和前途。

有这样一个故事：3个人被关进监狱，刑期3年，监狱长答应满足他们一人一个愿望。

美国人爱抽雪茄，要了3箱雪茄。

法国人最浪漫，要一个美丽的女子相伴。

而犹太人说，他要一部与外界沟通的电话。

3年过后，第一个冲出来的是美国人，嘴里鼻孔里塞满了雪茄，大喊道："给我火，给我火！"原来他忘了要火了。

接着出来的是法国人，只见他手里抱着一个小孩子，美丽女子手里牵着一个小孩子，肚子里还怀着第三个。

最后出来的是犹太人，他紧紧握住监狱长的手说："这3年来我每天与外界联系，我的生意不但没有停顿，反而增长了200%的利润，为了表示感谢，我送你一辆劳斯莱斯！"

这个故事告诉我们，今天的生活是由3年前我们的选择决定的，而今天我们的选择将决定我们3年后的生活。我们要选择接触最新的信息，了解最新的趋势，从而更好地创造自己的将来。信息的畅通是所有企业发展的前提，特别是在现今这个信息时代，丧失了通畅的信息渠道也就意味着丧失了对顾客以及竞争对手的了解，丧失了企业竞争与发展的先机，这是万万不可取的。

美国肯德基炸鸡早已为国人所熟悉，但对它是如何打入中国市场的，知道的人却不多。肯德基炸鸡打入中国市场的一个重要经验，就是在广泛收集信息的基础上进行了科学的预测。

起初，肯德基公司派一位执行董事来中国考察市场。他来到北京街头，看到川流不息的人流，穿着都不怎么讲究，就向总公司报告说，炸鸡在中国有消费者，但无大利可图，因为中国消费水平低，想吃的人多，但掏钱买的人少。由于他没有进一步进行相关信息的收集整理，仅凭直观感觉、经验作出预测，被总公司以不称职为由降职处分。接着公司又派了另一位执行董事来考察。这位先生在北京的几个街道上用秒表测出行人流量，然后请500位不同年龄、职业的人品尝炸鸡的样品，并详细询问他们对炸鸡的味道、价格、店堂设计等方面的意见。不仅如此，他还对北京的鸡源、油、面、盐、菜及北京的鸡饲料行业进行了详细的调查。经过总体分析得出结论：肯德基打入北京市场，每只鸡虽然是微利，但消费群巨大，仍能赢大利。果然，北京的第一家肯德基店开张不到300天，就赢利高达250多万元。

如今，肯德基在中国市场上风头正劲，这完全应该归功于它在1987年之前对中国餐饮市场进行的大量细微信息的发掘和调查。越是能在细微处着手，关注信息，收集信息，分析信息，就越能够在短时间内抓住机会，实现快速发展。这是肯德基成功的经验，同样也可以成为你成功的启示。

有时，一点儿细微的信息可以救你于水火之中，这其中就要看你是否重视了它。

广东省湛江市家用电器公司的"三角牌"电饭煲曾经有一段时间产品严重积压，公司面临绝境，而扭转这一切的，正是一条偶然得到的信息。

当时，公司经理李秀栾在与人闲谈时，得知湖南正在平江县召开"以电代柴"规划会议的消息，就立即带产品赶赴平江，积极向与会人员介绍产品情况，打动了湖南省"以电代柴"试点县的领导同志，双方立即签订了一批订货合同。这样，靠着一条消息，这个公司不但扭转了企业的困境，还为企业发展开辟了更多的新途径。

事实上，有些信息是非常具有价值的，但因为人们的疏忽，总是不停地被浪费掉了。要想利用信息，把握机会，前提就是要善于观察生活。注意把信息与机会联系在一起思考，这样，信息才能被转成机会。

掌握了信息，便是掌握了自己的命运，所以，要想成为捕捉机会的高手，前提就是要成为收集信息的专家。

许许多多的信息每一天都在与我们擦肩而过，这实在是令人十分惋惜的事情。所以，我们平时要注意观察生活，无论是从报纸图书上看到的，或从别人口里听到的东西，都要认真去思考，这对于自己而言，到底是不是一条有用的信息呢？如果你确定这是一条非常有价值的信息，那么你就按照这条信息所指引的方向努力去做吧，幸运女神就在前方等待着你的到来。

没有最好，只有更好

如果说一个人犯错还可以原谅的话，一个企业犯错就是难以原谅的了。因为社会的飞速发展、竞争的专业化、同质化、精细化，决定了企业之间的竞争并不是在某一件产品上的竞争，而是在任何一件产品上的竞争。这其中包括除了产品质量、性能、功效之外的许多"软件"设备方面的竞争。比如售前、售中、售后的各项服务，这些环节中的任何一个环节出现了差错，就很可能直接导致一个企业夭折。

事实上，在"硬件"设施的竞争中，潜力已经趋于饱和。

企业和企业之间在产品、技术、成本、设备、工艺等方面的同质化越来越强，差异性越来越小，就某种层面而言，市场竞争越来越表现为细节上的竞争，经营难度越来越大。彩电、冰箱、空调、洗衣机等家电行业，产品同质化趋势更是越来越明显，一家企业在某一技术方面有所突破，其他厂家会迅速跟进，以求在技术与质量上保持同步。

为此，各大厂商纷纷高举"服务"大旗以建立竞争优势，如：春兰的"大服务"概念、海尔的"星级服务"与"个性化零距离服务"、荣士达的"红地毯服务"等等。企业对服务的重视程度越来越高，大多数企业的服务观念也在快速进步。在服务系统的构造上，许多企业也早已有了完整的服务机构，对于服务所花费的精力和资金投入在逐步增加。

但服务也不会是任何企业的长久优势，同样也会面临同质化。以家电企业为例，你承诺保修1年，我就承诺3年；你保证24小时送货上门，我就承诺12小时。大酒店烟缸中的烟蒂不超过3根，大堂柜台的糖缸中的糖果不能少于一半，微笑露出8颗牙齿，鞠躬前倾45度……这些都成了服务标准。有了标准，自然就同质化了。

在日趋同质化的市场竞争中，必须从人性化着手，建立起自己的产品和服务竞争优势，也就是谁能为消费者想得更周到、细致，谁就会在竞争中胜出。

在稍微高档些的饭店就餐时，每位客人都会有一条餐巾，但通常情况下，餐巾掖在胸前卡不住，放在腿上又不知不觉会掉在地上，起不到保衣护服的作用，因而很多人只好将餐巾放在桌子上，用餐具压住，或者干脆不用餐巾，甚或放在屁股下垫座。有鉴于此，青岛东来顺餐厅特意在每块餐巾的一个角上挖了个锁边的长孔，夏天可以别在T恤或衬衫的扣子上，冬天可以别在外衣的扣子上，并根据季节的不同，扣眼的大小也有区别，非常适用，方便了食客。餐巾上的小小扣眼儿，让人们从中领略到餐厅更加人性化、精细化的服务，生意兴隆自在情理中。

当然，按照发展的观点，"没有最好，只有更好"，需要完善的细节会层出不穷，很难有止境；产品或服务也正是在这种无止境的追求中

不断得到发展和提高的。

企业只有注意细节,在每一个细节上做足功夫,建立"细节优势",才能保证企业长青。任何一个决策如果没有注意到细节的发展变化,都很可能使一个优势企业沦落为劣势企业。

一个公司在产品或服务上有某种细节上的改进,也许只给用户增加了1%的方便,然而在市场占有的比例上,这1%的细节会引出几倍的市场差别。原因很简单,当用户对两个产品做比较之时,相同的功能都被抵消了,对决策起作用的就是那1%的细节。对于用户的购买选择来讲,是1%的细节优势决定那100%的购买行为。这样,微小的细节差距往往是市场占有率的决定因素。

这是一个细节制胜的时代:

国际名牌POLO皮包凭着"1英寸之间一定缝满8针"的细致规格,20多年立于不败之地;

德国西门子2118手机靠着附加一个小小的F4彩壳而使自己也像F4一样成了万人迷;

宁波市一位副市长在飞机上因帮助一位香港客商捡眼镜而引进巨额投资。

我们已经生活在"细节经济"时代,细节已经成为企业竞争最重要的表现形式,所谓"针尖上打擂台,拼的就是精细"。

时代在变化、在发展,时代的要求也在变化和发展的过程中。一个企业不注重细节当中的信息就很可能输掉整个市场。因此,"一屋不扫,何以扫天下",对于今天的我们而言并不是夸大其辞、言过其实。所以,企业要想"扫天下",就必须先把自己的屋子扫干净,我们要想"扫天下"就必须先把自己的素质提上去。

不要忽视着装的重要性

随着社会的进步，许多生活细节问题都被重视了起来。就以着装问题来说吧，居家时你完全可以随意一点儿，但出席一些重要的场合就不应该随随便便。因为服饰在很多正式场合中表达的是你对这个场合的重视程度、对别人是否尊敬，以及你要求别人如何看待你。所以，不要忽视了服饰所传达的信息。当然，这并不是说你要穿最流行、最时髦的衣服，但你一定要穿得整齐、干净、合乎场合及你的身份。至于服装的新旧、质地，都不是问题的关键。

北京一家报社的一名女记者下乡采访，为了减少当地政府的麻烦，她先坐公交车然后步行到目的地，没有人陪同。谁料雨后道路泥泞，等走到目的地时已是狼狈不堪。乡村干部目睹这位女记者裤腿泥点斑斑、鞋底半寸厚泥的"惨相"，任凭她拿着记者证百般说明自己的身份，那些干部也不肯相信，弄得这位记者哭笑不得，最后她不得不当着他们的面给报社打了个电话，证实了自己的身份，才扭转了尴尬的局面。

不要以为你穿什么、怎么穿都无所谓，服装发展到了现在，已经成为一种无声的交际语言，它能告诉人们你的品位如何、身份如何及性格怎样等。

而人们对于服装的观念已经上升到了一个高级层次，不修边幅已经不能作为一种美德被人们称颂了。所以，一定要注意你的装扮。

居里夫人，这位法国科学研究院的高级女院士，原来认为干她这一行的形象并不重要，重要的是研究成果，正是受这种观念的影响，她才吃了一次大亏。

有一天，法国科学研究院为居里夫人安排了一场研究成果的新闻发布会，但她全身心地投入在实验里，把参加发布会的事儿给忘了，后来还是发布会组委会的电话使她想起了这件事。她赶紧去参加发布会，根本没有顾及自身形象。可在她赶到了新闻发布会的大门口时，却被保安拦住了。对方把她当成是流浪者，不管她怎么说都不让她进去。居里夫人焦急万分，她不顾一切地大喊起来，这才把里面的组织者引了出来。居里夫人连忙作了自我介绍，说她是来参加新闻发布会的博士。她冲了进去，这时新闻发布会已经开始了。她慌忙地拿起麦克风大声介绍起她们那个课题的研究情况来。

听众见到一个蓬头散发、穿着邋遢的女人竟然如此放肆，以为有好戏看了，顿时上上下下一片混乱。大会主席看到主角来了，忙作了介绍，台下才慢慢地安静下来。居里夫人也不多说，继续讲她们的工作进展，可她发现下面的每一个人都用一种诧异的眼光看着她，她并没在意。说着说着，不知谁在下面嘟囔了一句，顿时引起一阵哄笑。居里夫人还以为自己哪里说错了，停了一下，又接着往下说，不知谁又说了一句什么，台下笑得更欢了。居里夫人环顾四周，发现大家都用一种有趣的眼光看着她，有点儿像在动物园里欣赏大猩猩，居里夫人这才明白事情出在自己身上。她低头看了看自己，一下子脸羞得通红，不好意思地把头转了过去，她终于明白了，自己的头发没有整理，乱得像个鸟窝，白衣服又脏又破。发布会一结束，居里夫人就急忙赶车回实验室了，甚至连晚宴都没参加。

虽然后来居里夫人发誓要把个人的形象塑造好，可是她那天留给观众的印象是很难消除的。

所以，不要忽视服装的重要意义。这是一种对他人尊敬也是对自己尊敬的行为。居里夫人对于服装的观念影响了她的个人形象，虽然她的成就举世瞩目，但这一光环并不能让她弥补那一次的缺憾。我们都是这个社会中的成员，这决定了我们必须遵守社会中的这些规则，这样对人、对己都有好处。

要有正确的着装观念

著名哲学家笛卡尔曾说过，最美的服装，应该是"一种恰到好处的协调和适中"的服装。着装并不是越华贵越好，也不是越朴素越好，关键是符合主、客观的要求。

不恰当的衣着会引起人们的反感，给人留下不好的第一印象。比如，一位教师如果以"西部牛仔"或"伴舞女郎"的打扮走上讲台，肯定不会受到学生的尊敬，即使课讲得再好、水平再高，也难以改变这一状况。另外，"爱美之心，人皆有之"，美观得体的衣着，往往首先给人以悦目的感受，让人产生与他继续交往的愿望。"先敬罗衣后敬人"这一古语虽说从道德上讲有所欠缺，但它毕竟是一个我们无法改变的、现实的社会观念。其实这也是"情有可原"的，因为对方要了解你的"内在美"还要经过一段时间，而体现个性的衣着却让人一目了然，让人在第一时间就可以认识你。

恰当的着装，并不是说一定要穿上华贵的衣服，事实正好相反。一味追求华贵，反而给人以庸俗的印象，关键是要整洁大方，能体现人的内在素质。美国许多大公司对所属雇员的着装都有"规定"，而它并不是要求穿得怎么好看或强调衣料质地的好坏，关键是要符合审美的要求。怎样才符合审美要求呢？

1. 服饰要适合年龄和身份

人的衣着服饰同一个人的地位、身份和修养连在一起。为获得良好的第一印象，穿着上一定要注意与身份、年龄相符。不同的年龄应有不同的穿着打扮。老者穿一身深色中山装，透着沉着、稳重、端庄、成熟，而年轻人若是这身打扮，就显得老气横秋、暮气沉沉。年轻女性在社交场合穿粉红色、浅绿色洋装，让人感到朝气蓬勃、甜美可爱，但穿在老年女士身上就不大适宜。不同的身份也应该有不同的着装，一个电影明星打扮得妖艳一点儿，人们会觉得比较正常，但一个中学生涂脂抹粉、穿着妖艳就是不合身份的打扮了。因此，我们平时要注意穿着得体、整洁，尽力为自己给人的第一印象加分。

2. 服饰要适合形体

人有高矮之分，体形有胖瘦之别，肤色有黑白之差，因此，穿着打扮就要因人而异，并注意扬长避短。"人瘦不要穿黑衣裳，人胖不要穿白衣裳；脚长的女人一定要穿黑鞋子，脚短的一定要穿白鞋子；方格子的衣裳胖人不宜穿，但比横格子的稍好；横格子的衣服胖人穿上，就显得更横宽了，胖人要穿竖条的衣裳，竖条使人显得长，横的把人显得宽。"鲁迅先生这段精辟之论，仍值得我们借鉴参考。

3. 服饰要适合季节与气候

到什么季节换什么衣服，尤其是在正式场合，更需注意这点。也许你新买的是三重保暖衬衣，在寒冬季节穿上它，一点儿寒意也感觉不到。即使这样，你在严肃的场合也得穿上西服。反之，在初冬，你再感觉冷，也别穿着羽绒服、棉大衣去与重要的人见面，你宁可在西服里多穿一件毛衣。

遵守不同时段着装的规则，这对女士尤其重要。男士出席各类活动有一套质地上乘的深色西装或中山装就足够了，而女士的着装则要随一天时间的变化而变换。出席白天活动时，女士一般可着职业正装，而出席晚5点到7点的鸡尾酒会就须多加一些修饰，如换一双高跟鞋，戴上有光泽的佩饰，围一条漂亮的丝巾。出席晚7点以后的正式晚宴等，则应穿中国的传统旗袍或西方的晚礼服。

4. 服饰要适合场合

服饰应该与环境协调，穿衣打扮要适合场合，你不能穿牛仔、衬衫去参加宴会。无论穿戴多么亮丽，如果不考虑场合也会被人耻笑。如果大家都穿便装，你却穿礼服就欠妥当。在正式的场合以及参加各种仪式时，要顾及传统和习惯，顺应各国一般的风俗。去教堂或寺庙等场所，不能穿过露或过短的服装，而听音乐会或看芭蕾舞，则应按当地习俗着正装。国际上穿衣讲究 TPO，T 是时间——Time，P 是地点——Place，O 是内容——Object。就是说穿衣打扮要注意场合，分清地点。从时间上说，白天服装应素雅，晚上服装则可艳丽。从地点上说，工作场所服装要规范，非工作场所服装可以随便一些。从内容上说，喜庆活动服装要活跃一些，哀悼活动服装要肃穆一些，深入基层服装要轻便一些，隆重仪式服装要正规一些。

与人初次交往，一定要注意避免一些不恰当的着装。

过分的时髦、暴露、正式、可爱都是错误的着装观念，应该特别注意。

着装里藏有学问

社交场合如果着装有问题不仅使自己尴尬，还会引起别人的侧目，导致社交障碍。着装问题主要体现在不符合年龄特点、不合体，与当时的社交场合不相宜、搭配错误等，这里仅就经常出现问题的着装常识作一下介绍。

与你工作环境不相适应的着装可能是叛逆的标志。一家公司有位年轻、漂亮的行政助理，自从她开始与摇滚乐手约会后，便逐渐改变了端庄的穿着和职业女性应有的发型。改变装束是为了在下班后会男友时不必再换衣服。而不幸的是，正当她在事业上渐具竞争力时，却破坏了自己的职业形象。无疑，她的优势地位也伴随着她的职业形象一起消失了。

公然违背着装规则会被视为对权威的挑战。无论是女人穿超短裙，打扮得珠光宝气，还是男人经常敞着衬衫领口，穿运动夹克衫，给人留下的印象可能都是："我对工作不严肃。"不过，即使是办公楼里着装最佳人士也要避免给人留下仅仅对衣服感兴趣的印象。

要以着装向人传达这样的信息为原则："我属于这里"、"我有独特的判断力和高雅的品位"。

一套服装是否适合你所处的环境受许多因素的影响：你的工作性质、你居住的地区、气候以及特定的场合。

很自然，衣着是否合适主要决定于你的工作性质。常与别人打交道的工作一般需要着装更加职业化一些。与广告、软件开发或娱乐业人员相比，领导者应该选择较为保守的服装。你穿的衣服应让你方便自如地完成工作中的各种活动。

在许多情况下，当地的气候决定着服装是否合适。衣服的面料要符合天气的情况，如果你在深圳温暖的冬天穿着厚厚的羊皮夹克，人们就会认为你连一些基本的常识都不懂。气候不仅影响服装的选择，还影响着鞋和外衣。在北方，男人常穿带翼波状盖饰的皮鞋，而且比其他地区男人穿的鞋厚实。

环境和场合对衣着也起着决定性的影响。比如，如果你在星期六下午盘点时穿西服就显得有点儿不合适了。一家财务公司的合伙人清楚地记得，有一天他穿了一双带有流苏的鞋去办公室，路上不断有人问他，"你要去打高尔夫球吗？"

衣服上的饰物和其他细节也要与你的职位相称。有一位刚提升为管理人员的工程师穿着背带裤，系着一条领带，还配了块手帕。他的领带和手帕图案虽不完全相同，但是很相配。

不论是去适应一个新的工作环境，还是迁居到一个陌生的地区，你都可以从周围的人们那里获得着装是否合适的提示。

就颜色的搭配而言，服装的色彩在人际知觉中是最领先、最敏感的。在人们的认知能力、审美意识以及服装文化的发展过程中，各种不同的色彩被赋予了许多社会含义，人们对色彩的情感、礼仪等心理效应有了共同的认识，并通过教育、传统习惯等方式代代相传。青年人只有按照这种共同的认识标准去选择适当的色彩和搭配，才能适应和满足公众的审美要求，才算符合着装的礼仪标准。

不同的色彩有不同的象征意义。

红色：象征兴奋、热情、快乐。在感觉上给人以十分强烈的刺激作用，显示着浪漫、活泼与热烈。因此，红色的服装更显朝气和青春活力。

黄色：象征华贵、明快。但它是一种过渡色，能使兴奋的人更兴奋，活跃的人更活跃；同时也能使焦虑和抑郁的情绪更糟糕。

蓝色：象征宁静、智慧和深远。是一种比较柔和的颜色，它能使人联想到天空和海洋，给人以高远、深邃的感觉。

橙色：象征活力与温暖。是一种明快、富丽的色彩，能引起人的兴奋与欲望，使人联想到阳光。

绿色：象征生命与和平。是一种清爽宁静的色彩，能使人想到青春、活力与朝气。所以，着绿色装显得年轻和富有朝气。

黑色：既可象征深刻、沉着、庄重与高雅，也可以代表哀伤、恐怖、黯淡与恫吓，是一种庄重、肃穆的色彩。它能使人们产生凝重、威严、阴森等不同的感觉。

紫色：象征高贵和财富，给人以富丽堂皇、高雅脱俗的感觉，是一种华贵、充盈的色彩。

白色：象征纯洁、高尚、坦荡。是一种纯净、祥和、朴实的色彩，给人以明快、无华的感觉。

灰色：象征朴实、庄重、大方和可靠。是一种柔弱、平和的色彩，给人以平易、脱俗、大方的感觉。

选择服装颜色时要注意：

1. 选择服装时不但要注意服装的颜色，更要注意服装颜色搭配的协调；

2. 色彩要与体型协调。体胖者宜深不宜浅，体瘦者则相反，宜浅不宜深；

3. 色彩要与肤色协调。肤色苍白者宜选暖色调；肤色较黑者，宜选柔和明快的中性色调。色彩要与个性协调。热情活泼者宜选浓艳的、活跃的色系；内向文静的可以选温雅平和的色系；老成稳重者则首选蓝灰基调的色彩；

4. 色彩要与环境协调。衣色与所处的自然环境、社会环境都要协调。比如参加葬礼时不可着大红大紫之类的艳色服装等。

就西装的穿法而言，男士在穿着西装时，不能不对其具体的穿法备加重视。

根据西装礼仪的基本要求，男士在穿西装时，要特别注意以下 7 个方面：

1. 要拆除衣袖上的商标

在西装上衣左边袖子上的袖口处，通常会缝有一块商标。有时，那里还同时缝有一块纯羊毛标志。在正式穿西装之前，一定将它们先行拆除；

2. 要熨烫平整

欲使一套穿在自己身上的西装看上去美观而大方，就要使其显得平整而挺括，线条笔直。要做到这点，除了要定期对西装进行干洗外，还要在每次正式穿着前，对其进行认真的熨烫；

3. 要系好纽扣

穿西装时，上衣、背心与裤子的纽扣，都有一定的系法。在 3 者之中，又以上衣纽扣的系法讲究最多。一般而言，站立时，特别是在大庭广众之前起身站立时，西装上衣的纽扣应当系上，以示庄重。就座之后，西装上衣的纽扣则要解开，以防其走样。当西装内穿背心或羊毛衫、外穿单排扣上衣时，才允许站立时不系上衣的纽扣。

通常在系单排两粒扣式的西装上衣的纽扣时，讲究"扣上不扣下"，即只系上边那粒纽扣。系单排两粒扣式的西装上衣的纽扣时，正确的做法则有二：要么只系中间那粒纽扣，要么系上面那两粒纽扣。而系双排扣西装上衣的纽扣时，则可以系上的纽扣一律都要系上。

穿西装背心，不论是将其单独穿着，还是穿着它同西装的上衣配套，都要认真地系上纽扣。在一般情况下，西装背心只能与单排扣西装上衣配套。它的纽扣数目有多有少，但大体上可被分作单排扣式与双排扣式两种。根据西装的着装惯例，单排扣式西装背心的最下面的那粒纽扣应当不系，而双排式西装背心的全部纽扣则必须无一例外地统统系上。

目前，在西裤的裤门上"把关"的，有的是纽扣，有的则是拉锁。一般认为，前者较为正统，后者则使用起来更加方便。不管穿着何种方式"关门"的西裤，都要时刻提醒自己将纽扣全部系上，或是将拉锁认真拉好。西裤上的挂钩，亦应挂好。

4. 要不卷不挽

穿西装时，一定要悉心呵护其原状。在公共场所里，无论在什么情况下，都不可以将西装上衣的衣袖挽上去。否则，极易给人以粗俗之感。在一般情况下，随意卷起西裤的裤管，也是一种不符合礼仪的表现。

5. 要慎穿毛衫

要打算将一套西装穿得有"型"有"味"，那么除了衬衫与背心之外，在西装上衣之内，最好就不要再穿其他任何衣物。在冬季寒冷难忍时，只宜暂作变通，穿上一件薄型"V"领的单色羊毛衫或羊绒衫。这样既不会显得过于花哨，也不会妨碍自己打领带。不要去穿色彩、图案十分繁杂的羊毛衫或羊绒衫；也不要穿扣式的开领羊毛衫或羊绒衫，否则会使西装鼓涨不堪、变型走样。

6. 要巧配

西装的标准穿法是衬衫之内不穿棉纺或毛织的背心、内衣。至于不穿衬衫，而以T恤衫直接与西装配套的穿法，则更是不符合规范的。

7. 口袋内要少装东西

为保证西装在外观上不走样，就应当在西装的口袋里少装东西，或者不装东西。对待上衣、背心和裤子均应如此。具体而言，在西装上，不同的口袋发挥着各不相同的作用。在西装上衣上，左侧的外胸袋除可以插入一块用以装饰的真丝手帕外，不应当再放其他任何东西，尤其不应当别钢笔、挂眼镜。内侧的胸袋，可用来别钢笔、放钱夹或名片夹，但不要放过大过厚的东西或无用之物。外侧下方的两只口袋，原则上以不放任何东西为佳。在西装背心上，口袋多具装饰功能，除可以放置怀表外，不宜再放别的东西。

在西装的裤子上，两只侧面的口袋只能放纸巾、钥匙包或者碎银包。其后侧的两只口袋，则大都不宜放任何东西。

别让小动作毁了自己的形象

每天我们都会出现在不同的场合，作为社交中的一分子，我们要做的就是让自己的动作与场合和身份相称。但是，偶尔一疏忽就会毁坏自己的形象，这个时候你不妨检查一下自己有什么不妥当。

我们来看看你的动作，你是否当众打呵欠？在大庭广众中，你能忍住不打呵欠吗？在社交场合打呵欠，给人的印象是表现出你不耐烦了，而不是你疲倦了。

有些人管不住自己的手，只要他看见什么可以用，就会随手取一支来掏耳朵，尤其是在餐室，大家正在饮茶、吃东西的时候，掏耳朵的小动作往往令旁观者感到恶心，这个小动作实在不雅，而且失礼。

宴会席上，谁也免不了会有剔牙的小动作，既然这种小动作不能避免，也得注意剔牙的时候不要露出牙齿，也不要把碎屑乱吐一番，否则是失礼的表现。假如你需要剔牙，最好用左手掩住嘴，头略向侧偏，吐出碎屑时用手巾接住。

有些头皮屑多的人，在应酬的场合也忍耐不住皮屑刺激的瘙痒，而挠起头皮来。挠头皮必然使头皮屑随处飞扬，这不仅难看，而且令旁人大感不快。

有时候，由于不拘小节的习性会破坏自己的形象，因此必须注意以下几个方面。

1. 手

最易出毛病的地方是手。用手掩住鼻子；不停地抚弄头发；使手关节发出声音；玩弄接过手的名片。无论如何，两只手总是忙个不停，显出很不安稳的样子。本来想使对方称心如意的，谁知道却因为这样而惹人厌烦。

2. 脚

神经质地不停摇动，往前伸起脚，紧张时提起后脚跟等等动作，不仅制造紧张气氛，而且也相当不礼貌。如果在讨论重要提案时伸出脚，准会被人责骂。

如果是参加会议更不要当众抖腿。这种小动作多发生在坐着的时候，站立时较为少见。这种小动作虽然无伤大雅，但由于双腿颤动不停，令对方视线觉得不舒服，而且也给人有情绪不安定的感觉，这是失礼的。同样，让跷起的腿钟摆似地"荡秋千"也是相当难看的姿态。

3. 背

老年人驼背是正常的事，如果二三十岁的年轻人也驼背的话，可就不太好了。我们主张挺直腰杆和人交谈。

4. 表情

毫无表情，或者死板的、不悦的、冷漠的、生气的表情，会给对方留下坏印象。应该赶快改正，不让自己脸上有这种表情。为使自己说话生动，吸引对方，最好能有生动的表情。

5. 动作

手足无措、动作慌张，表示缺乏自信心。动作迟钝、不知所措，会使人觉得没品位，而且让人觉得难以接近。昂首阔步、动作敏捷、有生气的交谈会使气氛变得活跃。所以，千万别忘记，人是依态度而被评价、依态度而改变气氛的。

除此之外，你是否觉察到在你身上还存在着一些其他令人讨厌的小动作，这些动作不仅多余而且绝对有损你的社交形象，仔细阅读下列几项内容，如果你确实具有这些表现，一定要尽快纠正：

1. 你专爱打听他人的电话号码、学校、家庭成员；
2. 自以为是、爱说大话，觉得自己很了不起；
3. 产生了激情亲吻了女友，过后又道歉：对不起啊！
4. "嗯，咱们到哪儿去呢？"你总是见了面后再来商量；
5. 一见面你总是对别人说："你头发好少呀！""你太胖了呀！"
6. 一张口就会说："你瞎说"、"你讨厌"一类的话；
7. 你一面说，"吃什么都行"，一面又挑肥拣瘦；
8. 总喜欢在外人面前梳头发、照镜子；
9. 与人谈话时东张西望，显得无聊难奈；
10. 参加会议时多次更换座位，这是不沉着稳重的表现。说明除参加会议之外，也许还有其他惦记的事；

11. 用手遮着嘴说话，怯场的女性多有这样的动作；

12. 当你的膝向着别的方向而不向着对方的时候，是心也向着别的地方的表现。也许表明你对对方不关心；

13. 胳膊抱在胸的正中间，是拒绝的姿势。与人交谈时会让对方感觉被拒绝、被排斥。

一个笑容能让你的形象熠熠生辉

微笑是一种艺术，是一门学问。微笑牵涉到我们的文明素质、生活内容和节奏，也牵涉到民族性格和文化传统。微笑是内心的愉悦自然地流露在脸上，它是伪装不出来的，非伪装不可，也是苦涩的笑，倒不如不进行伪装的好。微笑是有讲究的：

1. 首先要学会微笑

如果你对别人抱着友好的态度，对社会具有好感，自然会笑口常开，久而久之，微笑会自然地变成你自身的一部分。当你遇到别人时，如果心中想："啊！能看到你真高兴！"把这种心情表现在你脸上，你会显得满面春风。

你每天都应抽出点儿时间去笑。在家庭中，也特别需要这样的调剂。笑，能使你在社会上人际关系融洽，家庭中天伦之乐融融。当你某一时刻心情恶劣时，设法使自己笑出来，是改变心情最好的办法。

无论你遇到的困难多么大，处境如何痛苦，一旦你笑了，你就可能撑得过去，不会被困难压倒，也不会向处境屈服。

如果你平时不太喜欢笑，又想学会笑，那么可先从搜集和剪贴各种趣事和笑料做起。用剪贴簿搜集资料当然很花费时间，但建立一个简单的笑料档案却很容易，只需要把你所喜欢的和别人代你找到的笑话和漫画剪下来就可以了。

另外，再预备一本记事簿，记下日常生活中遇到的可笑事情，你一翻阅就会笑起来。

2. 笑要注意场合

笑在一般交际场合中都是畅通无阻的通行证，但这并不意味着它在任何交际场合中都适用。如果在不该笑的场合笑了，那么，不仅达不到搞好人际关系的效果，而且还会受到别人的冷眼，甚至会引来别人的愤怒，这当然是很糟糕的。因此，我们在使用笑的时候，一定要注意场合。例如，当你参加葬礼或追悼会时，你对悲痛欲绝的死者家属就不能笑脸相迎。

3. 应和大家一起笑

许多人聚在一起时，如果别人的笑和幽默引起大家的共鸣，你绝对不能单独板着脸。大家都笑而你却正襟危坐，无疑会破坏整个气氛。讲笑话的人心中会十分不快，认为你有意和他为难，诚心不笑其他的人也会认为你大煞风景。所以，在这种场合表现出能欣赏别人的笑和幽默，和大家一起笑，是争取友谊或友好对待他人的方法。不要瞧不起别人的笑和幽默，不要认为笑和幽默是你的独有物；应该用笑声来表示对别人笑和幽默的赞赏，这样会使你得到友谊的回报。

4. 不要取笑他人

在运用笑和幽默时，不要把别人作为取笑的对象。特别是不要取笑他人生理上的缺陷，如斜眼、麻面、跛足、驼背等。对别人的不幸，你应该给予同情。如果在许多人交谈中，有一位是生理上有缺陷的人，那么在说话时，要避免易使人联想到缺陷方面去的笑话，也不要取笑他人的过错和失误。例如，不要取笑你的同学考试不及格，不要取笑你的同伴在走路时跌了跤等等。也不要取笑他人出身贫寒、职业卑微、家属中有不法分子等，免得使人感到窘迫。在某种特殊的交际氛围中，不如将自己作为取笑的对象，文雅地嘲笑自己，以此使整个场面松弛、欢快。

5. 应考虑对象

笑和幽默是孪生姐妹，但在运用时应注意对象。也就是说，要看对方的职业、职务、性别、年龄和社会地位，如果不考虑这些，乱来一气是会把问题弄糟的。

此外，还应考虑对方的文化层次以及地域、国情、国别，还要注意对方的宗教禁忌。

当对方的地位高或职务重要时，你不能无端地用笑和幽默，而应先提出对方感兴趣的话题，然后在谈话中有分寸地表现你的笑和幽默。

在运用笑和幽默时，要考虑对方的性格特点，否则，你想搞好人际关系的希望就会落空，甚至带来麻烦。

对人微笑、对人运用笑和幽默，是想搞好人际关系，共同快乐地享受人生，并不是为了取笑嘲弄别人，更不是为了和别人比高低。否则，笑往往就会变成仇恨的种子。

我们应以微笑来诚恳待人，搞好人际关系，以使工作和生活更快乐。但我们首先必须懂得什么叫快乐，怎样才能使别人也使自己快乐。如果损人利己、取笑他人的过失、嘲弄他人的缺陷、这种笑是有百害而无一利的。我们不是为了微笑而微笑，微笑仅仅是为了表示我们与人为善、助人为乐、正确对待人生、正确对待社会的态度。

第三章

高调不用自己每天唱——处世观

低调不等于卑微。只有那些真正卑微的人,才会用高调来粉饰自己以掩盖丑陋,以填平那个自觉低人一等的鸿沟。低调一点儿做人,才是真正聪明的表现。这种进可攻、退可守的人生大略你一定要学会。不要不分时宜地唱高调,否则最终受伤的是自己。

入世先察己

　　入世是我们必然的生存方向，但并不等于所有人都可以在这个社会中游刃有余地生活下去。社会环境从某种程度而言是一个定性的概念，许多时候我们依靠个人的力量无力改变它的丁点儿皮毛。所以，假如你的个性太强、且无法适应这个社会时，只有改变一下自己，而不是试图去改变这个社会。否则，你将无法顺利地生存下去，把自己的心理位置放低一点，先检查自己的缺失是我们入世的前提，也是一种必要。

　　孟买佛学院是印度最著名的佛学院之一。这所佛学院之所以著名，除了它的建院历史悠久，培养出了许多著名的学者之外，还有一个特点是其他佛学院所没有的。这是一个极其微小的细节，但是，所有进入过这里的人，当他再出来的时候，几乎无一例外地承认，正是这个细节使他们顿悟人生，正是这个细节让他们受益无穷。

　　原来孟买佛学院在它的正门一侧又开了一个小门，这个小门只有1.5米高，一个成年人要想过去必须低头，否则就只能碰壁了。

　　这正是孟买佛学院给它的学生上的第一堂课。所有新来的人，教师都会引导他到这个小门旁，让他进出一次。很显然，所有的人都是低头弯腰进出的，尽管有失礼仪和风度，但是却可以使人有所领悟。教师说，大门出入当然方便，而且能够让一个人很体面、很有风度地出入。但是，有很多时候，我们要出入的地方并不都是有着壮观的大门的。这个时候，只有那些暂时放下尊贵和体面的人才能够出入。否则，有很多时候，你就只能被挡在院墙之外了。

　　佛学院的教师告诉他的学生们，佛家的哲学就在这个小门里，人生的哲学也在这个小门里，尤其是通向这个小门的路上，没有一扇宽阔的

第三章 高调不用自己每天唱——处世观

大门,所有的门都需要弯腰低头才可以穿过。

我们不是佛教徒,但我们同佛教徒一样,要走完自己的人生之路,要使自己在人生旅途中一帆风顺,少遇挫折,弯腰、低头是最好的入世方式,对每个人来说这都是一门必不可少的人生功课。而低调做人正是这种人生功课的最佳成绩。

汉更始元年,刘秀指挥昆阳之战,震动了王莽朝廷。然而,刘秀兄弟的才干也引起了更始皇帝刘玄的嫉妒。刘玄本是破落户子弟,投机参加了农民起义军,没有什么战功,自当上更始皇帝后,又整日饮酒作乐,不事朝政。刘玄怕刘秀兄弟夺取了他的皇位,便以"大司徒刘王寅久有异心"的莫须有罪名,将立有战功的刘王寅杀害了。刘秀接到兄长刘王寅被杀害的消息后,几乎昏厥,但当着信使的面仍极力克制自己,说道:"陛下圣明,刘秀建功甚微,受奖有愧,刘王寅罪有应得,诛之甚当。请奏陛下,如蒙不弃,刘秀愿尽犬马之劳。"转而,刘秀又对手下众将说:"家兄不知天高地厚,命丧宛县,自作自受。我等应当一心匡复汉室,拥戴更始皇帝,不得稍有二心。皇帝如此英明,汉室复兴有望了。"刘秀的这种虔诚态度,感动得众将纷纷泪下。刘秀突然遭此打击,自然难以忍受。然而他心里清楚,刘玄既然杀了兄长,也难以容得下他刘秀。此后,刘秀对刘玄更加恭谨,绝口不提自己的战功。刘秀的行动,早已有人密报给刘玄。刘玄在放心的同时,觉得有些对不起刘秀,便封刘秀为破虏大将军,行大司马之事,并令刘秀持令到河北巡视州郡。刘秀借机发展自己的力量,定河北为立足之地。更始三年初春,刘秀实力已壮,便公开与刘玄决裂。更始三年(公元25年)6月己未日,刘秀登基,是为光武帝,建国号汉,史称东汉。此时,刘秀只有32岁,正是年轻气盛、成就大业的时候。以屈求伸,"忍小愤而就大谋",终使刘秀化险为夷,创建了东汉王朝。

如果是一般人,估计在得知家兄被杀的消息之后,必会大举义旗,反戈相向。但刘秀深知其中之利害。为求自保和图谋大计，他宁可向刘玄低头俯耳，先屈后伸，这不能不说是一种生存的智慧。如果以孟买佛学院的标准衡量刘秀，那他一定是个合格的学生。

低调做人是一种平和自然的入世情调，是我们入世前必修的一门人生功课。并且成绩越高就越会有助于我们在竞争的社会中活出精彩、活出风格。

低调为入世奠基

有则寓言说：一天，一只狮子和一只老虎在一条只能让一人通过的山路上相遇，下边是悬崖峭壁。这老虎与狮子向来都自称为兽中之王，互不买账。这会儿狭路相逢，两个你看我，我看你，谁也没有退回去让对方先过去的意思。老虎心想，要是我一让开，这事被其他动物知道了，我这兽中之王的威风岂不是从此威风扫地了？可是和狮子硬拼，且不说战胜它没有把握，就是这么陡峭的山路，只要自己一动，落地不稳就意味着自取灭亡……狮子也在想，过去你这老虎总与我争夺兽中王位，我还没好好教训你，今日狭路相逢，我岂能示弱，否则我这百兽之王的名声算是浪费了。

可怜这两个愚笨的家伙为了争一时之气，互不相让，最后谁都捱不住了，就放手大动干戈。才一个回合，就双双坠入悬崖之下，两命呜呼了！

有人可能会说，这是因为兽类不懂得人间道理才至于此。其实，我们生活中有好多人也并不比老虎狮子聪明到哪里去！该忍的不忍，该让的不让，逞一时之英豪，最后危及自身。

连自己的性命都难以保全，更何谈其他？低调处世是为入世、立世

第三章 高调不用自己每天唱——处世观

奠基。

《菜根谭》中说:"路径窄处,留一步与人行;滋味浓时,减三分让人尝。此是涉世一极安乐法。"这话的意思是说谦让的美德。它告诫人们在道路狭窄之处,应该停下来让别人先行一步,有好吃的东西不要独食,要拿一部分与人分享。如果你经常这样想,经常这么做,那你的人生就会快乐安详。所谓谦让的美德也绝非一味地让步,要知道,世间的事物总是相对的,有时候你是让了一步,退了一步,但这可能就是你的进步。即使终身的让步,也不过百步而已。也就是说,凡事表面上看起来是吃亏了,但事实上由此获得的必然比失去的多。

为什么必须谦让呢?因为人人都有自尊心,人人都有好胜心。你要联络感情,就必须处处重视对方的自尊心,而要尊重对方的自尊心,就必须抑制你自己的好胜心,成全对方的好胜心,这样才不会因为争一时之气而弄得局面难以收拾。比如对方与你有同样的特长或爱好,对方与你争胜斗强,最理智的办法是先让一步,即使对方的技艺敌不过你,你也得先让对方占点儿上风。当然一味地退让,也许会使对方误认为你的技术不太高明,不是对手,从而引起对方视你为无足轻重的心理。所以,你与对方比赛的时候,尽管要谦让,但必须先施展你的相当本领,先造成一个均势之局,使对方知道你不是一个弱者;进一步再施小技,使他神情紧张,才知道你是个能手;再进一步,故意留个破绽,让他突围而出,从劣势转为均势,继而从均势转为优势;结果把最后的胜利让给对方。对方得到这个胜利,不但费过许多心力,而且危而复安,精神一定十分愉快,对你也更添敬佩之心。如果互不相让,最后的结局可能是两败俱伤。

凡事都要用理智来指导你的行动,对于无关紧要的较量,该让的要毫不犹豫地谦让。这样为人处世,表面上看是退是让,是与世无争,实则是以退为进,以不争为大争。

不要轻易让自己高出于人

一个不够成熟的人总希望让别人看到自己的优势,仿佛只有他才是这个世界的核心。其实,细究起来这种人并不一定真正有才干。所谓真人不露相,露相非真人正是这个道理。退一步说即使你有才干,轻易让自己暴露于众人面前,就等于树立了一个靶子让别人打。这种傻事绝不是聪明人干得出来的。我们为人处世应该学会"攻"与"守"的道理,在不到"攻"的时候只需做好"守"就可以了。时机一旦成熟就要反"守"为"攻",这样才不负自己的才华。

柯立芝在爱莫斯特大学的最后一年,美国历史学会曾授予他一枚金质奖章。在当时,这是一个被无数人看重的荣誉,可他却没有对任何人说起过这件事,甚至自己的父亲也不例外。直到他毕业并工作之后,他的上司——诺坦普顿的法官菲尔德才无意中在《斯普林共和杂志》上看到了对这一事情的报道。那时,距柯立芝领取这一奖章已有6周了。从佛蒙特州的村庄到白宫,柯立芝在他一生的事业中都以这种真诚的谦逊闻名于世。

当他竞选麻省州议员时,在选举即将进行的前夜,他忽然无意中听到了州议会议长的职位正虚位以待的消息。于是,柯立芝拎着他那"又小又黑的手提袋",大踏步地赶往诺坦普顿的车站。两天以后,当他从波士顿回来时,手提袋里已经装有大多数州议员亲笔签名推举他为议长的联名信。就这样,柯立芝顺利地出任麻省州议会议长,从而迈开了自己走向政坛的第一步。

这位以谦逊著称的人,在人生关键时刻以迅雷不及掩耳之势主动出击,当仁不让地拿走了他应得的东西。如果不是他平时的谦逊,估计不

第三章
高调不用自己每天唱——处世观

会有多少人支持他当选州议长。

另一位以谦逊著称的人——"石城"杰克逊是美国南北战争时期南方联盟的一员猛将，他和李将军一同被人们推崇为世界上最伟大的军人。

托马斯·杰克逊似乎具有一种"天生的谦逊"。在西点军校时，他就以谦逊著称。在墨西哥战争中，总司令斯科特将军曾对他的英勇善战给予了公开的盛情称赞，但杰克逊后来从未提及此事，甚至在他的至亲好友面前都只字不提。直到他弥留之际，他还是坚持认为"石城"这一美誉不应当仅仅属于他个人，而应归他所率领的整个部队共同享有。

但是，就在墨西哥战争刚刚爆发时，在杰克逊写给他姐姐的信中，满纸都是他想要建功立业的勃勃雄心。而在当时，他只不过是拥有一个非常不起眼的副官的虚衔而已。信中，他冷静地分析了实现连州这个目标的过程中可能遇到的困难。这位勇敢而谦逊的人为了达到自己的目的，曾有过一次聪明的举措，即主动要求从常规部队转到炮兵部队里去。因为他相信，在那里，"长官们更容易把整个部队的功绩归功于某一个人"，这样无疑有利于自己的升迁。果然，他获得了斯科特将军的亲口赞赏，这直接为他随后的几次升迁奠定了基础。几年以后，因为预先就看到当上弗吉尼亚陆军大学的教官必将"声名卓著"，他又用尽浑身解数去争取这个位置。

铁路建筑专家哈里曼也一贯都是这样的谦逊。他的一个很要好的老朋友甚至在他取得了自己事业上最辉煌的几次成功之后，还一直以为他不过是几百个有点儿成就的经纪人之一，因为哈里曼从未炫耀过自己的成就。直到后来，他的这位老朋友才无意中从别人那里了解到真实的情形。

真正伟大的人物，一般都能在他们身上看到这种可贵的谦逊。

自视高人一等只会被孤立

一个人要想孤立自己并不难，只要自视高人一等就足以奏效。受自傲心理所累的人，同受自卑心理所困的人在与社会的融合方面，结果是一样的，都不会获得好的结局。所以，要学会低调做人，真诚地关心别人。

不唱"高调"、平易近人是西奥多·罗斯福异常受欢迎的秘诀之一。罗斯福是个连仆人都喜爱他的人，他的那位黑人男仆詹姆斯·阿默斯就曾写过一本关于他的书，书名为《西奥多·罗斯福——他仆人的英雄》，阿默斯在书中写了这样一段富有启发性的话：

"我妻子有一次问总统关于鹑鸟的事，因为她从未见过鹑鸟，于是总统详细地描述了一番。一天，我们小屋里的电话铃响了，我妻子拿起电话，才知道是总统本人打来的，他特意来告诉她，我们屋子窗口外面正好有一只鹑鸟，如果她往外看，就能看到。罗斯福时常做这类小事。每次他经过我们的小屋，如果看不到我们，他就会轻轻地叫着'安妮'或'詹姆斯'，这是他表示友好的一种招呼习惯。"

一个日理万机的总统能做到如此平易近人，仆人怎能不喜欢他呢？

有一天，卸任后的罗斯福到白宫去做客，不巧的是，塔夫脱总统和夫人都不在。这时，他那种真诚对待身份卑微的人的态度完全体现出来了：他同所有的白宫旧仆人打招呼，而且能叫出每个人的名字，连厨房里的仆役也不例外。

当他见到厨房的阿丽丝时，问她是否还烘制玉米面包。阿丽丝回答，她有时为其他仆人烘制一些，但是楼上的人都不吃。

"他们的口味太挑剔了，"罗斯福颇为不平，"等我见到总统的时候，我会这样告诉他。"

阿丽丝端出一块玉米面包放在盘子上给他，他端着盘子一面吃着一面向办公室走去，经过园丁和工人的身旁时，还不断地跟他们打招呼……

"他对待每一个人，还和以前一样。"仆人们互相低声讨论着。而一名叫艾克·胡佛的仆人眼中含泪地说："这是近两年来我们唯一的愉快日子，我们任何人都不愿拿这个美好的日子去换一张百元钞票。"可见，大人物之所以成为大人物，就是因为他们永远不会自视高人一等，使自己孤立起来。

查尔斯·伊里特博士是美国有史以来最成功的一位大学校长——他从南北战争结束后到第一次世界大战前5年，一直担任哈佛大学校长。下面是伊里特博士做人做事的一个例子。

有一天，一个名叫克立顿的学生到校长室去借50美元的学生贷款，这笔贷款被批准了。"当我万分感激地致了谢，正要离去时，"克立顿自己叙述道，"伊里特校长说：'请再坐会儿。'然后他对我说：'听说你在自己的房里亲手做饭吃，只要你所吃的食物适当、分量足够，我并不认为这是坏事，我念大学时也这样做。你做过牛肉狮子头吗？如果把牛肉煮烂，就是一道好菜，因为不会浪费。我当年就是这样做的。'然后他就耐心地教我怎样做牛肉狮子头吃。"

即使是极为忙碌，也不忘关心别人是这些伟大人物身上的共同点，这种做法使他们获得了大多数人的支持，而永远不会使自己孤立起来。

还有一个更具传奇色彩的大人物的所作所为更值得我们去借鉴和学习：

法国巴黎以她的美丽和古老的欧洲文明迎接着来自世界各地的游客。

一天，一位美国的有钱人来到这座城市游览。她在林荫道和草坪中散步时，忽然看见一个老头儿正在花坛里浇水。他是那样内行，他那一丝不苟的姿态，足以证明他是个上等的园丁。这位阔太太有一座私人花园，她想，这位法国老头儿真是百里挑一的好园丁。在美国恐怕出高价也很难找到，现在既然有幸碰上了，为什么不带他到美国去呢？

于是她问那位老头儿，愿不愿意赴美国去做她的园丁，她可以给他高于法国3倍的工资，还可以负担他的旅费。为了说服老头儿，她又把美国吹嘘了一番，仿佛那儿遍地是黄金，到那里去了人人都能发财。

"夫人，"老头儿彬彬有礼地回答说，"真是不巧得很，我还有另外一个职务在身，一时离不开巴黎。"

"那就把它辞掉吧！这些，我都会给你补偿的。你除了做园丁，还兼职干什么工作呢？是送牛奶还是养鸽子？"阔太太不屑一顾地问。

"都不是，"老头儿微笑着说，"我希望人们下次不要再选我，我就可以做你的园丁了。"

"选你做什么呀？"

"选我当……"

"你是……"阔太太在仔细端详了老头儿一番后惊讶地张大了嘴。

"我就是安里，我这个园丁兼任法国总统。"

这些伟大的人物用自己的行动表示了他们从未把自己同普通人区别开来，他们都是下意识地、不自觉地就把自己定格在平凡人的位置上，他们因为自认平凡才更显伟大，他们堪称是天欲降大任给他们的人。

才高自敛方是自保之道

我们身边总是不缺自视清高的人，更不缺狂妄自大的人，他们自恃有才，就好为人师、目中无人，忘记了"山外有山，楼外有楼"的

第三章 高调不用自己每天唱——处世观

道理。

有才华对一个人来说是件好事，可是如果将此当成骄傲的资本，往往会一事无成。

祢衡年少才高，目空一切。

建安初年，20出头的他初到许昌。当时许昌是汉王朝的都城，名流云集，司空掾、陈群、司马朗、荡寇将军赵稚长等人都是当世名士。有人劝祢衡结交陈群、司马朗。祢衡说："我怎能跟杀猪、卖酒的在一起？"劝其参拜赵稚长，他回答道："荀某白长一副好相貌，如果吊丧，可借他的面孔用一下；赵某是酒囊饭袋，只好叫他看厨房了。"这位才子唯独与少府孔融、主簿杨修意气相投，他对人说："孔文举是我大儿，杨德祖是我小儿，其余碌碌之辈，不值一提。"由此可见他是何等狂傲。

献帝初年，孔融上书荐举祢衡，大将军曹操有召见之意。祢衡看不起曹操，抱病不出，还口出不逊之言。曹操求才心切，为了收买人心，还是给他封了个击鼓的小吏，借以羞辱他。一天，曹操大会宾客，命祢衡穿戴鼓吏衣帽当众击鼓为乐，祢衡竟在大庭广众之下脱光衣服，赤身露体，使宾主讨了个没趣。曹操恨祢衡入骨，但又不愿因杀他而坏了自己的名声。

曹操心想像祢衡这样狂妄的人，迟早会惹来杀身之祸，便把祢衡送给荆州的刘表。祢衡替刘表掌管文书，颇为卖力，但不久便因倨傲无礼而得罪众人。刘表也聪明，把他打发到江夏太守黄祖那里去。祢衡为黄祖掌书记，起初干得也不错。

后来黄祖在战船上设宴，祢衡说话无礼而受到黄祖呵斥，祢衡竟顶嘴骂道："死老头，你少啰嗦！"黄祖是急性子，盛怒之下把他杀了。当时，祢衡仅26岁。祢衡文才颇高，桀骜不驯，本有一技之长，受人尊重。但是祢衡没有因为这一技之长而受惠于世。

他恃一点儿文墨才气便轻看天下。殊不知，一介文人，在世上并非有什么不得了，赏则如宝，不赏则如败履，不足左右他人也。祢衡似乎不知道这些，他孤身居于权柄高握之虎狼群中，不知自保，反而放浪形骸，无端冲撞权势人物，最后因狂纵而被人杀害。

其实，一个人狂妄自大的程度并不取决于他有多少学问，而是取决于他的态度。也就是说，狂妄的人实际上也许并没有多少学问，往往是自吹自擂、夸夸其谈。他们所表现的高傲、不屑一顾等神态，实际上是一种心灵空虚的补充剂，以维持其虚荣心。在一个风景优美、繁密茂盛的森林里，居住着许多动物，不但有狮子、老虎、狼、狐狸等食肉动物，还有蚊子、蜘蛛这样的小生命。

有一只蚊子，它每天都在想："在这个王国中，狮子应该是百兽之王了吧，没有比它更有力更强大的动物了。只要我能把它打败，那么我将会成为森林大帝。"

经过一番认真的准备，这只蚊子终于向狮王宣战了。它扇动着翅膀飞到狮子面前，对狮子说："狮子，我不怕你，你并不比我强大，不信，咱们较量较量。"

可惜蚊子的声音太弱小，狮子根本没听见，仍在那儿悠然地闭目养神。蚊子见了，气得火冒三丈，用尽吃奶的劲儿对狮子喊道："你这只笨狮子，我们比试比试，看你有什么本事。是用爪子抓，还是用牙齿咬，我都比你强得多。"说着蚊子吹着喇叭鼓足了力气向狮子冲去。

狮子这下可慌了，觉得脸上奇痒无比，睁大了眼睛瞧，还是看不清蚊子进攻的方向。蚊子恶狠狠地向狮子的脸上咬去，它专咬狮子鼻子周围没有毛的地方。狮子左躲右闪，用力晃动着头，张开血盆大口猛扑向蚊子，只是蚊子小巧灵活，狮子的嘴巴总是咬空，气得它拼命挥动着爪子，一顿乱抓乱挠。尽管如此，狮子还是没有捉住蚊子。

蚊子高兴极了，向狮子威胁说："快认输，不然我咬死你。"狮子从来没受过这个罪，它怒吼着扑向蚊子，不过很遗憾又失败了，气得狮子乱叫。蚊子趁势又朝狮子发动了进攻，叮得狮子用爪子把自己的脸都抓破了。没办法，狮子只有落荒而逃。

"我赢了！"蚊子得意地吹着胜利的喇叭，唱起欢乐的凯歌飞走了。它一边走一边喊："我战胜了狮子，我才是最了不起的，我要当森林之王。"蚊子得意忘形地飞着，完全忘了四周存在的危险。突然，它钻进了一个软软的东西中，身体被粘住了，它挣扎着想要离开，但是越挣扎粘得越紧。这下蚊子清醒了，原来自己被蜘蛛网粘住了。

蜘蛛凶光毕露地向它爬来，蚊子完全被胜利冲昏了头脑，并没有意识到自己的险境，它大声地对蜘蛛说："蜘蛛，我刚刚打败了狮子，你快放了我，我不屑和你打仗。"蜘蛛听了冷笑道："蚊子，你别白费气力了，不管你曾经打败过谁，现在都是我的俘虏，吃掉你易如反掌，你将成为我的晚餐。"

蚊子最后叹息着说："我同最强大的动物都较量过，取得了辉煌的战果，没想到却败在一只小小的蜘蛛手上。"无论什么时候，都不要争强好胜，更不要狂妄自大。要知道，强中更有强中手。争强好胜、狂妄自大可能一时会得胜，但一定不会长久。这样的人，迟早会自食恶果。

恃才傲物放在心中无关紧要，如果在言行上表现出来，就会招来诸多祸端。

贵而不显，富而不炫

如果你有才，不要骄傲自满，以为全世界数自己最聪明；同样，如果你有财，也不要恃财自傲。

自古以来，金钱就是一个人身份和地位的象征。有道是"有钱气也壮"，于是，很多富人就常常自以为有了夸耀的本钱，不分场合和地点地炫耀自己,这就是我们常说的"露富"。事实上,一个人不可盲目露富,否则会倾家荡产甚至引来杀身之祸。

有一个成语叫"静水深流",简单地说就是我们看到的水平面,常常给人以平静的感觉,可这水底下究竟是什么样子却没有人能够知道,或许是一片碧绿静水,也或许是一个暗流涌动的世界。无论怎样,其表面都不动声色,一片宁静。

大海以此向我们揭示了"贵而不显,华而不炫"的道理,也就是说,一个人在面对荣华富贵、功名利禄的时候,要表现得低调,不可炫耀和张扬。沈万三,元末明初人,号称江南第一富豪。原名沈富,字件荣,俗称万三。万三者,万户之中三秀,所以又称三秀,作为巨富的别号。

沈万三拥有万贯家财,但他却不懂得"静水深流"的道理。为了讨好朱元璋,给他留个好印象,沈万三竭力向刚刚建立的明王朝表示自己的忠诚,大量地向新政权输银纳粮。朱元璋不知是捉弄沈万三呢,还是真想利用这个巨富的财力,他曾经下令要沈万三出钱修筑金陵的城墙。沈万三负责的是从洪武门到水西门一段,占金陵城墙总工程量的1/3。可他不仅按质按量提前完了工,而且还提出由他出钱犒劳士兵。沈万三这样做,本来也是想讨朱元璋的欢心,没想到弄巧成拙。朱元璋一听,当下火了,他说:"朕有雄师百万,你能犒劳得了吗?"沈万三没有听出朱元璋的话外之音,面对如此刁难的问题,他居然毫无难色地表示:"即使如此,我依然可以犒赏每位将士银子一两。"

朱元璋听了大吃一惊,在与张士诚、陈友谅、方国珍等武装割据集团争夺天下时,他就曾经由于江南富豪支持敌对势力而吃尽苦头。现在虽已立国,但国强不如民富,这使朱元璋感到不能容忍。更使他火冒三丈的是,如今沈万三竟敢越俎代庖,代天子犒赏三军,仗着富有将手伸向军队。朱元璋心里怒火万丈,但他并没有立即表现出来,却在心底决定要找机会治治这沈万三的骄横之气。

一天,沈万三又来大献殷勤,朱元璋给了他一文钱。朱元璋说:"这一文钱是朕的本钱,你给我去放债。只以一个月作为期限,初二起至三十日止,每天取一对合。"所谓"对合"是指利息与本钱相等。也就是说,朱元璋要求每天的利息为100%,而且是利滚利。

沈万三虽然满身珠光宝气,但腹内却没有装多少墨水,财力有余却智慧不足。他心里一盘算,第一天一文,第二天本利2文,第三天4文,第四天才8文嘛。区区小数,何足挂齿!于是沈万三非常高兴地接受了任务。可是回到家里再仔细一算,不由得就傻眼了。第十天本利还是512文,可到第二十天就变成了52万多文,而到第三十天也就是最后一天,总数竟高达5亿多文。要交出如此多的钱,沈万三就是倾家荡产也不一定够啊。

后来,沈万三果然倾家荡产,朱元璋下令将沈家庞大的财产全数抄没后,又下旨将沈万三全家流放到云南边地。这一切都是他不知富不能显、富不能夸,为富要自持、谦恭才能长久保持富贵的道理造成的。

真正有钱的人是从来不露富的,真正有品位有档次的人,都是从来不招摇的。你看比尔·盖茨什么时候炫耀过?你看李嘉诚什么时候显摆过?也只有那些爱慕虚荣不知自己几斤几两的人,喜欢戴着粗俗的金项链满大街地转悠。

言行不要太出格

言行上的趾高气扬、放浪不羁是做人的大忌,而低调做人正好可以收敛自己的过分言行。有些人喜欢说大话、摆架子、耍威风、张扬卖弄、神气十足,到头来只能淹没在别人鄙夷的目光中,他们不管显达也罢，落泊也罢，都可能要比别人经历更多的挫折，承受更多的社会压力。

一个人为人处世要力求在现实生活中摒弃那些趾高气扬、盛气凌人、指手画脚的行为。

汉元光五年（公元前130年），信奉儒家学说的汉武帝征召天下有才能的读书人。年已70多岁的川人公孙弘的策文被汉武帝所欣赏，被提名为对策第一。汉武帝刚即位时也曾征召贤良文学士，那时公孙弘才60岁，以贤良征为博士。后来，他奉命出使匈奴，回来向汉武帝汇报情况，因与皇上意见不合，并在朝堂上引起争执，引起皇帝发怒，他只好称病回归故乡。这次他荣幸地获得对策第一，重新进入京都大门，就决心要汲取上次教训，凡事必须保持低调。

从此，公孙弘上朝开会，从来没有发生过与皇帝意见不一致时当庭论争的事情。凡事都顺着汉武帝的意思，由皇帝自己拿主意，汉武帝认为他谨慎淳厚，又熟习文法和官场事务，一年不到，就提拔他为左内史。

有一次，公孙弘因事上朝奏报，他的意见和主爵都尉汲黯一致，两人商量好要坚持共同的主张。谁知当汉武帝升殿邀集群臣议论时，公孙弘竟为迎合圣意而放弃自己先前的主张，提出由皇帝自己拿主意。汲黯顿时十分恼怒，当廷责问公孙弘说："我听说齐国人大多狡诈而无信义，你开始时与我持一致意见，现在却背弃刚才的意见，岂不是太不忠诚了吗？"汉武帝问公孙弘说："你有没有食言？"公孙弘谢罪说："如果了解臣的为人，便会说臣忠诚；如果不了解臣的为人，便会说臣不忠诚！"汉武帝见他回答得如此机巧而妥当，十分满意。从那以后，左右幸臣每次诋毁公孙弘，皇上都宽厚地为他开脱，并在几年后提拔他为御史大夫。

公孙弘在皇上眼中是个谨慎淳厚的臣子，但有些大臣却认为他是个伪君子。有一次，主爵都尉汲黯听说公孙弘生活节俭，晚上睡觉盖的是布被，便入宫向汉武帝进言说："公孙弘居于三公之位，俸禄这么多，但是他睡觉盖布被，这是假装节俭，这样做岂不是为了欺世盗名吗？"汉武帝马上召见公孙弘，问他说："有没有盖布被之事？"公孙弘谢罪说："确有此事。我位居三公而盖布被，诚然是用欺诈手段来沽名钓誉。臣听说管仲担任齐国丞相时，市租都归于国库，齐国由此而称霸；到晏婴任齐景公的丞相时，从来不吃肉，妾不穿丝帛做的衣服，齐国得到治理。今日臣虽然身居御史大夫之位，但睡觉却盖布被，这无非是说与小官吏没什么两样，怪不得汲黯颇有微议，说臣沽名钓誉。"汉武帝听公孙弘满口认错，更加觉得他是个凡事退让的谦恭君子，因此更加信任他。元狩五年（公元前118年），汉武帝免去薛泽的丞相之位，由公孙弘继任。汉朝通常都是列侯才能拜为丞相，而公孙弘却没有爵位，于是，皇上又下诏封他为平津侯。

公孙弘被拜为丞相后，名重一时。当时，汉武帝正想建功立业，多次征召贤良之士。公孙弘便在丞相府开办了各种客馆，开放东阁迎接各地来的贤人。每次会见宾客，他都格外谦让恭敬。有一次，他的老朋友高贺前来进谒，公孙弘接待了他，而且留他在丞相府邸住宿，不过每顿饭只吃一种荤菜，饭也比较粗糙，睡觉只让他盖布被。高贺还以为公孙弘故意怠慢他，到侍者那里一打听，原来公孙弘自己的饮食与服饰也同样如此简朴。公孙弘的俸禄很多，但由于许多宾客朋友的衣食都仰仗于他，因此家里并没有多余的财产。

公孙弘活到80岁，在丞相位上去世。以后，李蔡、严青翟、赵周、石庆、公孙贺、刘屈氂相继成为丞相。因为言行不谨慎，这些人中只有石庆在丞相位上去世，其他人都遭到诛杀。看来，公孙弘不与廷争、取容当世也是一种不得已的处世之法。

聪明人很清楚自己的不当言行将意味着什么。所以，他们处处小心,时时在意,所以在身处高位时,尽管险境叠生,也能保全自己。

据说李世民当了皇帝后,长孙氏被册封为皇后。当了皇后,地位变了,她的考虑更多了。她深知作为"国母",其行为举止对皇帝的影响相当大。因此,她处处注意约束自己,处处做嫔妃们的典范,从不把事情做过头。她不追崇奢侈,吃穿用度除了宫中按例发放的,不再有其他的要求。她的儿子承乾被立为太子,有好几次,太子的乳母向她反映,东宫供应的东西太少,不够用,希望能增加一些。长孙皇后从不把资财任情挥霍,从不搞特殊化,对乳母的要求坚决没有答应。她说:"做太子最发愁的是德不立、名不扬,哪能光想着宫中缺什么东西呢?"因此,长孙皇后不但受到了李世民的敬重,也受到了人民的爱戴。

也许你还没有体会到身处险境时,自己的言行举止所诱发的一切不利后果。但人贵有先见之明,如果你在顺境中就可以注意自己的言行,必能赢得生活中的一切有利条件。

第四章

向前看，金钱不是万能的——金钱观

有人说："有钱能使鬼推磨，"甚至还有人说："有钱能使磨推鬼。"金钱的力量难道真的就如此巨大吗？我们每天都在和这个叫做"金钱"的东西打交道，可是，你是否看到了它让时间倒流？让生命复活？没有，金钱的价值值得肯定，但却不能盲目肯定。我们不能让这个没有思想的东西牵着鼻子走，做它的奴隶。

要正确看待金钱

金钱,作为一种等价交换物,就其本质而言并没有实际意义。然而,作为物品价值的衡量媒介却具有了十分重要的意义。所以,世人的熙来攘往、劳碌奔波也就不足为奇了。但是,是不是因为金钱具有这种作用,就可以标定所有物品的价值?不是,正如人们给金钱做过的这个评价:"金钱不是万能的,但没有金钱是万万不能的。"既然如此,如何看待金钱也就该有一个正确的态度了。

明人陆绍珩在《醉古堂剑扫》中为我们勾画了人间一幕,颇具讽刺意味:风雪弥漫的长安之夜,在古庙的冷铺盖上,靠行乞谋生的叫化子和化缘为生的游方僧睡得正香,鼾声如雷。而白胡髭的老贵人,尽管盖着锦被、围着暖和的床帷却合不上眼。陆绍珩感叹:松间明月,窗外青山,这些美景都从不拒绝人们去欣赏与享受,而不少人却自己就拒绝了。这是为什么呢?

还是先来听一个故事吧,一个有钱人,每天早上经过一个豆腐坊时,都能听到屋里传出愉快的歌声。这天,他忍不住走进豆腐坊,看到一对小夫妻正在辛勤劳作。富人恻隐之心大发,说:"你们这样辛苦,只能唱歌消烦,我愿意帮助你们,让你们过上真正快乐的生活。"说完,放下了一大笔钱,送给小夫妻。这天夜里,富人躺在床上想:"这对小夫妻不用再辛辛苦苦做豆腐了,他们的歌声会更响亮的。"第二天一早,富人又经过豆腐坊,却没有听到小夫妻俩的歌声。他想,他们可能激动得一夜没睡好,今天要睡懒觉了。但第二天、第三天,还是没有歌声,富人好奇怪。就在这时,那做豆腐的男人出来了,拿着那些钱,一见富人便急忙说道:"老爷,我正要去找你,还你的钱。"富人问:"为什

第四章
向前看，金钱不是万能的——金钱观

么？"年轻的豆腐师傅说："没有这些钱时，我们每天做豆腐卖，虽然辛苦，但心里非常踏实。自从拿了这一大笔钱，我和妻子反而不知如何是好了，我们时常在想我们还要做豆腐吗？不做豆腐，那我们的快乐在哪里呢？如果还做豆腐，我们就能养活自己，要这么多钱做什么呢？放在屋里怕它丢了；做大买卖，我们又没有那个能力和兴趣。所以还是还给你吧！"富人非常不理解，但还是收回了钱。第二天，当他再次经过豆腐坊时，听到里边又传出了小夫妻俩愉快的歌声。

听完这个故事，也许你对金钱的价值和作用就更清楚了。金钱确实是世上的好东西，但不等于有了金钱就有了一切。如果你没有健康、快乐、亲情等带给你心理上的温暖和满足，即使是锦被貂裘、锦衣玉食又有什么意义？

拥有更多的财富，是今日许多人的奋斗目标。财富的多寡，也成为衡量一个人才干和价值的尺度。当一个人被列入世界财富榜时，会引起多少人的艳羡，但对于个人来说，过多的财富是没有多少用的，除非你是为了社会在创造财富，并把多余的财富贡献给了社会。但丁说："拥有便是损失。"财富的拥有超过了个人所需的限度，那么拥有得越多，损失就越多。

培根更指出："巨大的财富若不分发出去，也就没有真正的用处。"世界级的时装大师范思哲拥有令人咋舌的财富，光是他收藏的名画、古董与家具就价值连城。但他除了能亲眼看见这些财富外，还能得到什么呢？一个谜团重重的枪杀，使他的财富立刻变成了"他人的财富"。最近，他的收藏品在著名的索斯比拍卖行拍卖，所得据说都要捐给慈善机构。这当然是件好事，但在培根看来，死后捐款的人是慷他人之慨，而不是慷自己之慨。"不要把给慈善事业的捐款推迟到死后。"这就是培根的观点。

"不要追求显赫的财富，而应追求你可以合法地获得的财富，清醒

地使用财富,愉快地施与财富,心怀满足地离开财富。"这就是培根的建议,我们应该认真地思考这些建议。

所罗门,古以色列国王,以智慧著称。他告诫人们,不可急于聚敛财富,"凡是匆忙发财的,必难以清白。"

培根分析说,通过正当的手段和正直的劳动所获得的财富,是步伐缓慢的。当财富是来自魔鬼的时候(比如说是通过欺诈、压迫以及其他不正当的手段得来的),财富是来得迅速的。

现在不少人急于发大财,结果不是被骗就是去搞歪门邪道,甚至不惜铤而走险、以身试法,比如制假贩假、盗版走私、做毒品生意,甚至杀人越货。他们完全成了金钱的奴隶,财富对于他们如同绞索,他们越是贪求,绞索就勒得越紧。一个贪官说,每当听到街上警车鸣笛,就生怕是来抓他的,惶惶不可终日。这样的人不义之财再多,又有什么"乐趣"呢?

我们并不是一概排斥财富,我们厌恶和蔑视的是对个人财富的过分贪求,是以不正当手段聚敛财富,我们应努力创造财富。我们所追求的,"并不是贪婪的掠夺品,而是一种行善的工具。"(古罗马演说家西塞罗语)这就是我们对待财富的态度。

要追求比赚钱更高的理想

被人们誉为"钢铁大王"的安德鲁·卡内基在他33岁时就使自己建立的钢铁公司跃升为美国最大的钢铁公司。那一年,他在自己的备忘录中写道:"人生必须有目标,而赚钱是最坏的目标。没有一种偶像崇拜比崇拜财富更坏的了。"我们应该明白赚钱是我们的目的,但并不是唯一目的。

第四章
向前看，金钱不是万能的——金钱观

如果你用"是否可以赚钱"来做事情，别人以"是否赚到了钱"来衡量你，这样就俗化了事情原有的境界，使它由纯洁地追求一个崇高的目标，降级为"有利可图就好"。

"理想"的本身应该是件"浪漫"的事，它追求的是一项高远而美丽的目标。它是一种力量和热情，使你为它赔上时间与金钱而在所不惜。而由于这理想本身的美丽动人，常会吸引许多志同道合的人用这种"浪漫"的心情来为这个理想奠基，为它耕耘与开拓。于是，在力量与热情的支持下，它开花结果，漂亮极了。

不是说工作可以永远不靠金钱来维持，更不是说人们可以不靠金钱而生存。金钱原本应该是工作的回报，而且应该是工作越好，金钱的回报越多。问题是，当你把注意力由工作转向金钱之后，分散了对工作的专注，偏离了工作原来的目标，掺入了功利的杂质，为求迅速达到赚钱的目的而急切完成，为求较普及的市场而迎合俗众，误以初步的成功所赚来的金钱为终极的成功巅峰，不再追求精进，只在浅薄的水平上重复一项初步的完成。我们看到，太多有天分的钢琴学生为了教琴赚钱，而终于未能成为一位更好的钢琴家；我们看到太多的艺人，在刚起步时的成功之后，就停留在这一阶段，在舞台上辉煌一阵之后便迅即消失。急功近利的做事态度，使人直接地奔向金钱而无心顾及理想，更无暇完成理想。

人们应该在直接的财富之外，有眼力见到间接财富；在狭义的财富之外，有胸襟见到广义的财富。创事业的人与追求理想的人，要能避开"商业念头"的侵袭，才算是走出了成功的第一步。

西蒙·波娃在她的回忆录中说过，不可过分追逐金钱，金钱本身给你带来不了什么；追逐金钱，会给人一种为了活着而活着的感觉。为活着而活着是一种原始的生活，为真正文明的现代人所不能容忍。

金钱有时带给我们的并不都是快乐，有时也可能是烦恼。人生一世，折磨我们的不一定总是贫穷，也可能是各种各样的贪欲。

沉湎于物的追求，会产生对财富、名誉甚至知识的执著。为了这无止境的人生追求，人会日夜渴望增强自己的力量，变成欲壑难填的怪物。人所拥有的越多，越引以自豪，越能向他人展示自己存在的优越性。这种思想就越能将人引入思想的迷途，带来无尽的烦恼。

有一次，英国女王参观著名的格林尼治天文台，当她得知任天文台台长的天文学家詹姆·布拉德莱的薪金很低时，表示要提高他的薪金。布拉德莱得悉此事后，恳求女王千万别这样做。他说："如果这个职位一旦可以带来大量收入，那么，以后到天文台来工作的人将不会是天文学家了。"这说明不仅布拉德莱对收入看得很淡，其他科学家也是如此。

一个人的观念会对其一生产生巨大影响力。例如，大部分人都会觉得自己的收入不够多，他们要求老板加薪，达不到目的的时候，他们就会辞职，然后去找另一份工作，期望能得到更好的机会、更高的报酬，认为一份新的工作或更高的报酬会解决所有的问题。而在大多数情况下，这是不可能的。有些人则仅仅因为他们和他们的家庭需要钱而继续"忍受"这份工作，但他们所做的只是等待，等待着能有机会让他们挣到更多的钱使问题解决。于是大部分人接受了，有些人做两份工作并且非常努力地工作，但仍只能得到很少的报酬。

为钱工作，以为钱能买来快乐，这是残酷的。半夜醒来想着许多的账单要付是一种可怕的生活方式，以工资的高低来安排生活不是真正的生活。这些都很残酷。一定要尽力避开这些陷阱，如果可能的话，别让这些问题在你的身上发生，别让钱支配你的生活。

只让金钱为你真正的快乐和充实服务，改变为"赚钱"而工作的思想，追求更高的理想，才是人生最大的价值呈现。

第四章
向前看，金钱不是万能的——金钱观

不要做金钱的奴仆

在这个世界中，谁都很清楚金钱对于自己的意义，有了金钱就可以入住豪宅，以香车代步，有绝色佳人为伴。所到之处掌声不绝于耳，褒赞之言尽享、人间美景看尽，世间珍馐均尝，可谓要风得风、要雨得雨。然而这样的人能有几个？即使是世界级富豪，你看到了他表面的风光无限，是不是也看到了他身后被物役所累的苦处？醉心于财富未必是一件坏事，但贪心于财富就一定不是一件好事。因为当你成为金钱的奴仆时，你知道你会失去什么。

老约翰·洛克菲勒在33岁那年赚到了他一生中第一个100万，到了43岁，他建立了世界上知名的大企业——标准石油公司。但不幸的是，53岁时，他却成为事业的俘虏。充满忧虑及压力的生活早已摧毁了他的健康。他的传记作者温格勒说，他在53岁时，看起来就像个手脚僵硬的木乃伊。

洛克菲勒53岁时因患有不知名的消化症，头发不断脱落，甚至连睫毛也无法幸免，最后只剩几根稀疏的眉毛。温格勒说："他的情况极为恶劣，有一阵子他只得依赖酸奶为生。"医生们诊断他患了一种神经性脱毛病，后来不得不戴顶帽子。不久以后，他订做了一顶假发，终其一生都没有再摘下来过。

洛克菲勒在农庄长大，曾经有着强健的体魄、宽阔的肩膀，走起路来更是步步生风。

可是在巅峰岁月，他却已肩膀下垂，步履蹒跚。一位传记作者说："当他照镜子时，看到的是一位老人。他之所以会如此，因为他缺乏运动休息。由于无休止的工作操劳，严重的体力透支，他同时也为此付出惨重的代价。他虽然是世界上最富有的人，却只能靠简单饮食为生。他每周收入高达几万美金，可是他一周能吃得下的食物却用不了两块钱。医生只允许他进食酸奶与几片苏打饼干。他的脸上毫无血色，用瘦骨嶙峋、老态龙钟形容他一点儿也不为过。他只能用钱买到最好的医疗，使他不至于53岁就离开人世。"

忧虑、惊恐、压力及紧张已经把他逼近坟墓的边缘，他永不休止、全心全意地追求目标。据亲近他的人表示，当他赔了钱时，他就会大病一场，在他运送一批价值4万美金的谷物取道大湖区水路，保险费用要250美元，他觉得太昂贵就没有买保险。可是当晚伊利湖有暴风，洛克菲勒担心货物受损，第二天一早，他的合伙人跨进他办公室时，发现洛克菲勒还在来回踱着步。

"快点！去看看我们现在投保是不是还来得及。"合伙人奔到城里找保险公司，可是回办公室时，发现洛克菲勒情况更糟。因为刚好收到电报，货物已安抵，并未受损！可是洛克菲勒更气了，因为他们刚花了250美元的投保费用。事实上，他把自己搞病了，不得不回家卧床休息。想想看，他的生意一年赢利50万美元，他却为了区区250美元把自己折腾得病倒在床上。

拥有百万财产，却怕付之东流。可以肯定地说，他的健康是由忧虑毁灭的。他从没有闲暇去从事任何娱乐，从来没有上过戏院，从来不玩牌，也从来不参加任何宴会。马克·汉纳对他的评价是："一个为钱疯狂的人。"

最后，医生终于对他宣布，在财富与生命中任选其一，并警告他如继续工作，只有死路一条。

在医生不遗余力地挽救洛克菲勒的生命时，他们要他遵守3项原则：

第一，避免忧虑，绝不要在任何情况下为任何事烦恼。

第四章
向前看，金钱不是万能的——金钱观

第二，放轻松，多在户外从事温和的运动。

第三，注意饮食，只吃七分饱。

洛克菲勒不得不谨记这些原则，也许因此捡回一命。他退休了，他学打高尔夫球，从事园艺，与邻居聊天、玩牌，甚至唱歌。

不过他还做了别的事。温格勒说："在失眠的夜晚，洛克菲勒有足够的时间自省。"他不再想要如何赚钱，他开始为别人着想，思考如何用钱来换取人类的幸福，洛克菲勒开始把他的百万财富散播出去。他捐钱给教会；建成世界知名的芝加哥大学；他也帮助黑人，他捐助黑人大学；他甚至援助扑灭钩虫。后来他更进一步，成立了世界性的洛克菲勒基金会，一直在对抗世界的疾病与无知。散尽千万财富，帮助那么多人，他终于寻回心灵的平静，真正地得到了满足。这时有人会说："如果人们对洛克菲勒的印象还停留在标准石油公司的时代，那就大错特错了。"

洛克菲勒开心了，他彻底地改变了自己，已成为毫无忧虑的人。事实上，当他遭受事业重创时，他再也不为此而牺牲睡眠了。

前后判若两人的洛克菲勒完成了从奴仆到主人的角色的转变。他虽然历经心灵的艰难历程，几乎将生命付诸流水，但省悟之后的所作所为让他得到了以前不曾有过的快乐和幸福。他的经历让我们警醒的是，只有做金钱的主人，才能得到你该得到的快乐和幸福。

君子爱财应取之有道

有人访问过李嘉诚先生，问他成功之道。李先生谦虚地说，他只是一个普通人，并算不上是成功。不过，在自己日常的生活中，有一些原则他是一定会遵守的。这些原则，包括了做人要勤恳，不可以懈怠，做

人要克勤克俭，不可以浪费。另外在他谈及对人之时，认为对自己要节俭，但对他人则一定要慷慨，做任何事，都应该为他人的利益着想，以他人的利益为最重要的依归。

李嘉诚先生谈到他在商场上赚钱的时候，总是提到他做生意的手法是利己利人，"是我的钱，一元我都要。不是我的钱，送到门口我也不会要，""不义而富且贵，于我如浮云。"

作为中国人，我们庆幸有李嘉诚先生这样的商业巨富为国人争光，使外国人知道，中国有杰出的生意人，有超乎常人商业头脑的人，有目光如炬、有先见之明的生意人。同时，李嘉诚先生所赚的钱，全部是在提供产品及服务于顾客之时，使顾客在满足他们的需求、大家互惠互利之下所赚回来的钱。这些钱不是他旗下的企业通过剥削消费者，或是以任何形式的巧取豪夺而得来。

李先生曾在公开场合说过，他的钱没有一分一厘是见不得光的。这种潇洒和坦然是没有几个人能够做到的。这就是"君子爱财"的态度。而这种通过正道取财的途径乃谦谦朗朗的君子之所为。谁言："人无横财不富"？李嘉诚先生的成功不就是最好的反证吗？

李嘉诚先生数十年来在商场经营，由自行创立第一家塑料工厂开始，然后进军地产行业，再收购和记黄埔，收购香港电灯集团，收购青洲英泥有限公司，再创办电讯业务、货柜码头事业，进军其他国家的电讯业等，所有的利润都是通过正当的生意赚取回来的。但他却登上世界十大巨富之列、华人首富的位置。这给我们一个深深的启示。

这个启示就是，如果我们有很强烈的野心，希望出人头地，希望创一番大业，希望功成名就，财富滚滚而来，从事正业一样有出人头地的一日，一样有致富的一日。千万不要走歪路，蝇营狗苟，干一些非法的勾当。否则可能会一失足成千古恨，回头已是百年新。

从李嘉诚先生的成功史中，我们看到，只要个人肯努力，再加上成功人物应有的眼光、判断能力等等因素，财富就会稳稳当当地涌来，而靠非正义途径所得的财富终究难登大雅之堂，也会终生事端。

　　李先生为人节俭，为公益不遗余力，为兴办教育事业劳心劳力，他赚到的钱都是从正当生意中所获取而来。他认为值得赚的钱就应尝试去赚，以"有道"的方法，甚至舍个人利益，以公利为先去赚钱才赚得踏实，顺心。这是一种气度、一种胸襟、一种令人尊重的情操。虽然没有巧取，没有豪夺，只是公平交易，但就是因为他做生意的手法公正公平，使他赢得了众人心目中的声誉，也赢得了诚信，这反而使广大消费者对李先生旗下企业的产品和服务有高度的信心，使李先生的业务不愁没有客户，使李先生能够赚得更多的利润。

　　"你不能花太多钱在自己身上，但你要在你的朋友身上花钱。对自己要节俭，但不能对其他人吝啬。"他经常告诫自己的儿子要诚恳待人，处处以他人的利益为上。"一个人应以忠诚为主，应节俭的时候要节俭，应用的时候要用。"

　　而现在有许多人难耐经济热浪的狂推猛追，眼见周围的人一个个财源滚滚，就恨不得自己也成为一个巨富，投机钻营、捷径求财，能想的招儿全都用上，结果害人害己，不仅美梦难圆，还连累亲人。即使其中尽管有人侥幸成功，可好景又能延续多久？所以，君子爱财，要靠正道求取，要对得起自己和亲人，做一个堂堂正正的人。

要稳中求财

　　提到求取财富，一些人就失去了平常心。他们在那种急切的欲望的支配下，相信"人有多大胆，地有多大产"，相信"富贵险中求"，没有三分胜算就敢压注，精神确实可嘉，但到了最后，这些人往往因此而前途尽毁、血本无归。成功虽是诱人的，但要想顺利地把它猎取到手，也不是那么简单的事。征途中的险恶，实在不是仅凭直觉或其他"武器"就可以铲除的，他人靠铤而走险所获得的成功并不代表你也可以做到，因为他的把握有多少，你并不知道。凡事求稳，铤而走险的事最好不要做。

谁是大陆最有钱的人？刘永好兄弟当属其中之一。

1951年，刘永好出生于四川新津县，小时候家里非常贫穷，以至于在他20岁之前，竟没穿过鞋子。对于刘氏兄弟的发迹，以讹传讹的较多，最离奇的竟是四兄弟齐刷刷扔掉铁饭碗了。其实，四兄弟是陆续辞掉公职的，而刘永好直到1987年才正式辞职，这正反映了他们胆大而又谨慎的性格。这种性格也使刘氏兄弟在创业初期的几次转型中能够一步一个脚印、稳扎稳打地获得成功，开创出自己的一片天地。

有这样一个实例，可以证明刘氏兄弟的稳健处事风格：

一天，有一位朋友对刘永好讲了一番话："1990年我叫你去海南你不去，那时候我的钱比你少很多，但现在也跟你差不了多少了。要是你去，会赚得更多。"刘永好被他的现身说法给打动了，立即派人前往海南注册了一家公司，买下了一所小房子。他甚至还为此专门到海南走了一趟。然而这个朋友觉得这样做不够力度，就不断地给刘永好打报告，说："假如你投入1000万，到年末时就会是4000万。"刘永好感到不解：不管怎么说，房子总得一砖一瓦盖起来吧，哪会来得这么快？他们到底是怎么做的？朋友不无得意地向他传授秘诀：首先去买一块地皮，然后把它卖掉，然后又是跟谁合作，再怎样怎样。总之是把100块钱买来的东西最终卖了1000块，当然就赚钱了嘛！

刘永好总算明白了：嘿！这不就是"击鼓传花"吗？无论这鼓敲得多响，这花传得多快，最后总是会停下来的，到时候那花落在谁手上谁就倒霉。他立即作出决定："这事就到此为止。"公司注销了，投资

第四章
向前看，金钱不是万能的——金钱观

的钱也撤了回来。

有进有防，遇险即退，这种不贪图不义之财的经营之道，让刘永好避免陷入不久之后即铺天盖地席卷而来的那场地产泡沫破灭的黑色灾难。"我们选择了放弃，因为当时我们认为，我们的基础还很薄弱，我们要做的事情就是好好地把饲料做到行业前列，把我们的基础夯实。"刘永好这样说。

邓小平南巡谈话后，希望集团走出四川，先后在上海、江西、安徽、云南、内蒙古等20几个省、市、自治区开展与国有、集体、外资企业的广泛合作，迅速开拓了全国市场。

1997年，成都的房地产业刚刚完成了第一轮开发的积累，开始对已有的产品进行检点与反省，预示着房地产开发的下一个高潮即将到来，即将进入由卖方市场向买方市场转变的"微利"时代。

正在此时，刘永好又一次动了涉足房地产之念。"在最高潮，大家认为最好的时候，我们反而没有做，当然，没有挣钱也没有被套，我们抓住谷底攀升的时机，我们还要随着曲线上升。"当别人开始纷纷感到房地产这碗饭是越来越难吃了的时候，刘永好却意识到机会的存在，他认为房地产业正处在一个逐步上升的区间。刘永好把新希望的房地产开发从一开始就放到了高起点、大规模的平台上。锦官新城作为新希望房地产的开山之作，一问世，首期开盘3天之内销售1.4亿元，创造了成都房地产奇迹。

2000年11月，民生银行上市，刘氏兄弟分别以四川新希望农业股份有限公司和四川南方希望有限公司的名义拥有民生银行股份2.03亿股，占民生银行总股的12%。2000年，美国《福布斯》评定刘永好、刘永行兄弟财产为10亿美元，位居中国内地50名富豪第二位。一位赤着脚走路的中国知识分子，用他的精明踩出了一条亿万黄金路。

刘永好心目中有一个榜样，那就是李嘉诚。刘永好认真地研究过李

嘉诚。他认为李先生原来是做塑料花的，如果一直做下去，相信他会成为全世界塑料花最大的销售商，但他不可能有今天的成就。现在李嘉诚在适当的时候把握住房地产的机会，成为房地产的超级巨子；又在适当的时候把握住机遇，成为港口、货柜、码头等领域的巨子；又把握机会成为信息产业方面的巨子。他时时把握机会，不断调整方向进行创新，变中有稳，求得稳健发展，从而奠定了超人的地位。

任何人都希望自己拥有财富，但求财的路上还是走稳一点儿为好，否则很容易掉入陷阱，难以继续前进。

要将聪明用在正处

"聪明"这个词经常被用到，但究竟什么样的人才算聪明人，估计很难去给它下一个确切的定义了。王熙凤怎么说也该算是一个聪明人吧？但她"机关算尽太聪明，反害了卿卿性命"。试想，聪明人都是以精于计算、强出于人而著称，怎么会算来算去连自己的性命都算丢了呢？可见，王熙凤是不是一个聪明人还需进一步考证。

许多人都自认为不是笨蛋，甚至自以为聪明透顶，他们工于心计，善于走歪门邪道，并在得益之时嘲笑别人的呆傻蠢笨、循规蹈距，却不知螳螂捕蝉，黄雀在后。一朝失手，身陷囹圄，方醒悟自己其实真够傻得可以。所以，人的聪明之处在于清醒于自己的所作所为，从正道入手谋利。

3年前，王利接过一家已倒闭的街道办制胶厂。该厂30来人，倒闭时欠下5万元外债，拖欠工人9个月的工资。

正当他对制胶厂实施"起死回生术"时，偶然之间获得一个准确的市场信息，制胶业市场产品过剩。王利得到这个情报后，脑子里立即

第四章
向前看，金钱不是万能的——金钱观

就出现了一个"变"字。"变"也要因地制宜，经过数次的调查和考虑，权衡利弊后，他决定从本地区兴旺发达的畜牧业突破，以皮革制品杀出一条财路。他就地取材，用皮革制作自行车座垫、手提包、背包、儿童书包、旅行包等产品，很快占领了市场。债务还清了，工人的工资也补发了。

小本生意获大利，引来一些挣扎着的小厂纷纷参观，王利预感到这些人即将成为竞争对手。于是他们厂转产牛皮鞋、皮箱、山羊革茄克衫等。很多工人都来责问厂长："那些还在畅销的产品为什么要停止生产？"不久，实际情况作了回答：许多来取经的工厂，见他们的原产品本小利大销售快，回去后争相大批生产，很快市场饱和、产品滞销。人家"穷则思变"，而他却"富则思变"，远大的眼光和超乎寻常的胆略使他在"商场如战场"的残酷竞争中岿然不动，他在别人一哄而上之时转产新品，市场反而一片兴旺。

皮件厂办得比较顺利，新产品也很畅销，可是王利预想到，仅靠生产一种产品风险大，如果采取"一业为主，多业并举"的措施，那么当一种业务不景气时，其他业务可以马上扩大，弥补损失。于是决定再上新产品。

一张"首届 A 市物资交流大会"的海报吸引了他。本地牛皮资源丰富，皮质又居全国之首，加工牛皮的念头产生了。从市场上，他了解到"黄牛蓝湿皮"在外贸市场上是紧俏商品，于是他立即组织力量生产出了色泽鲜艳的黄牛蓝湿皮。这一新产品被外商看中，当即与他们厂签订了年供货 5 万张的合同书，由于他们厂的产品质量好，又守信用，所以不久黄牛蓝湿皮就出口到日本、新加坡、印度等亚洲各国。

一次，一位农村姑娘来到皮件厂，要买结婚用的皮箱。厂里的业务员把她领到了库房，那里有准备发到各个城市去的航空模压箱、旅游箱、轻便手提书箱、带轱辘的套箱等各式漂亮的箱子，可姑娘一个都没

看中。这立即引起王利的兴趣,他思索和研究:如何才能适合农村市场的需求,打开农村市场。农村是个广大的市场,不去占领它岂不可惜!他立即组织技术人员设计制造出色彩鲜艳、龙飞凤舞、图案明朗的带着乡土气息的皮箱。这种龙凤皮箱一上市就被抢购一空。很多农村经销店得知这个消息后纷纷前来订货,产值和利润很快大幅度上升。由此可见,开发一个新产品,就能占领一个市场。

农村市场刚占领,王利又捕捉到一个有价值的信息。他看到一个购货员穿着一身时髦的西装,可脚上却踏着一双旧布鞋,很不协调。王利不觉上前探问了一下:"您为什么不穿皮鞋?""脚气重,没福气穿啊!"这句不易被人注意的话却拨动了企业家那根敏感的神经:对!研制药物皮鞋,防治脚气病。中国人生脚气病的人多,这可是一个规模不小的市场呵!他立即向制药公司和有关科研单位取经、学习,并高薪聘请科研人员研制药物皮鞋。不久试验成功,经过上级科研单位鉴定,防治效果达90%以上,新产品获得了省和国家的科技成果奖。皮鞋一闪亮登场,订货单纷至沓来,王利获得巨大成功,事业如日中天,气势逼人。3年后,原来盖着油毡纸的茅屋变成了七层楼房和宽敞的车间,30来人的小厂变成3500多人的中型企业。

王利的成功实例说明,从正确的途径赢利,充分用好自己的头脑和眼光,才可获得长远的利益。聪明人若是走邪门歪道算不上真正的聪明,即使勉强称之为聪明也只能是小聪明而已,成不了大器。

用钱也该有计划

金钱可以创造快乐,也可以创造压力。金钱是一种无生命的东西,但社会上就是存在这种无生命的东西,在压迫着有生命的我们。

第四章
向前看，金钱不是万能的——金钱观

常言说："一文钱难倒英雄汉"，就是讲的金钱对"英雄"人物的压迫，更何况不是英雄的平凡人们。

每一个女人都听过离婚、单亲家庭、无家可归，或寡妇的故事，也都从中学到惨痛的教训：如果经济上不能独立，不能摆脱金钱的压迫，你就难逃噩运。

一位寡妇哭诉她的遭遇："我不知道该怎么办，我从来没有工作经验，从来都是丈夫一手包办经济问题，让我向来衣食无缺。可是自从3年前他过世以后，我就只能靠政府救济金和以前留下的一点儿钱过日子。现在那笔钱也快用完了。"

"我真的被困住了，因为我完全不会赚钱。在我一生的岁月里，我积极参与了许多社交活动，但是没有一个社团可以提供给我工作。如果我做义工，奉献时间，很好；如果要薪水，免谈。可以说我对人生已经看破了。"

"现在我几乎所有时间都在想钱，挥之不去，因为总是有些还没付的账单，在我脑海里转来转去。我大部分的精力也都放在理财上，因为稍有疏忽，我马上就要勒紧裤带。丈夫在世的时候，我从来没真正碰过钱，只要管他给我零花的部分。我不必担心还有什么账没付，顶多控制一下买菜的预算。我甚至不知道我们存了多少钱。"

"假如丈夫曾给我机会，跟他一起管钱，那我现在就不至于坐困愁城，一筹莫展。他总是保护我，不让钱的事困扰我，而他也的确处理得很好。我今天成了一个大输家。我并不为自己难过，只是遗憾丈夫未曾让我参与一二，以至于他走了以后，我才对自己的处境大吃一惊。"

"我们存的钱，比我想象的少。我不知道怎么办或可以找谁求助。我试过所有能想得到的办法，可是没有一个行得通。"

"过去我总认为，还有很多东西比钱重要，现在我再也不这样想。如果5年前你问我，我会说爱、快乐、健康等都比钱更重要。我过去真

的这样相信——一直到我没有钱付账单、或不能过想过的生活才觉悟。"

"钱是唯一能买到安全感的东西,深夜里我独自坐着发抖,因为我怕抢劫。这一带原来是个很好的社区,现在却充满危险。"

"从前,我想都不会想为钱去伤害任何人,或做任何坏事。但现在我三餐不继,只要能赚钱,不惜做任何事。"

"我并不真的了解信用的价值。但现在没有任何地方相信我的信用,所以我不能筹到资本,在家里做点儿什么活。丈夫也不喜欢信用制度。我们唯一不是用现金买的东西,是我们的房子。我甚至不知道花了多少钱,只是老听丈夫抱怨太贵。还是一样,他安排好每次准时去付款。他是一个守信的男人。"

"至于我,我将在贫穷中度过余生。我看过很多推理小说,也在想,如果够小心的话,我可以把人谋杀,而不被发现。为了 100 万元,我可以杀死任何人。"

这是一个阴沉的故事。一个受惊的老妇人梦想着一个永远不会发生的谋杀案,全是因为无力改善经济状况。然而,这也反映了老一辈妇女的困境。现代女性听过许多这类例子,也知道她们必须从中得到教训。问题是她们在经受金钱压迫的同时,却不知道应该怎么做。

为此,我们每个人都应该尽早制订终生理财用钱的计划。

由于我们一生中不同生命阶段的生活重心和所重视的层面不同,你的用钱计划也会有所差异。因此,有专家建议,我们应该根据人生的不同阶段,制定出与之相适应的、恰当的用钱计划。

单身期,是未来家庭资金积累期,你必须为结婚做好准备,这一点有多重要,你该很清楚。因此这段时期的主要内容除了努力寻找高薪职业并埋头工作,还要广开财源着手用钱投资。投资的目的不在于获利而在于积累资金,即以储蓄为主。此外,可抽出小额资本进行高风险投资,目的是取得投资经验。另外还必须存下一笔钱,一为将来结婚,二

第四章
向前看，金钱不是万能的——金钱观

为进一步投资准备本钱。此时，作为年轻人的保费相对低些，还可为自己投保人寿保险。总之，这一时期最好是养成做预算的习惯，有意识地控制自己的消费，在花钱享受人生的同时，也将一部分的收入积攒起来，及早养成这个习惯，理想的收成就会早日实现。

建立家庭这段时间，多数人会开始负起成年人的责任，成家立室，贷款买房以及生儿育女，负担变得沉重起来，要支付租金（或者按揭）、伙食、养育子女、娱乐等费用，还要为将来做些必要的准备。这个时期是家庭的主要消费期，因此这段时期的主要内容是合理安排家庭建设的支出。面对各种不同的需要，有效地控制开支格外重要。不要盲目地参与一些风险较高的投资活动，另外，可以选择缴费少的定期险、意外保险、健康保险等，以备不测。

步入中年，经济状况比年轻时已经富裕多了，子女在这个时候行将进入社会工作，但也是养育他们经费最昂贵的一个阶段。这段时间，你应该好好运用余下的收入，增加对养老计划的投入。其次，也可以建立自己多元化的投资组合，开始适当地介入一些风险较高的投资领域。你可能还需要检讨一下你的保险需要，适当地提高一些保险的保险金额，扩大保障的范围。

退休前，你的子女都应该成人，独立生活了。楼宇按揭供款在这时也差不多该结束了，你与你的伴侣有足够的金钱享受人生。退休前的日子多半会是你收入最多的时候，而小心处理这笔收入，你便可以充分利用这个机会，加快财富的增长。在这个时候，你应该十分清楚退休之后对自己生活水平的要求，也应该明白当你离世时家庭的需要。因此，你也应该重新研究所持有的保险合约，有效地安排你的财产。

退休之后的生活是你的黄金岁月，由于有了以前精心的安排，需要操心的财务问题已经不多了。当然，退休后收入会变得有限，有效地管理开支十分重要。

当然，这只是一个人在人生不同阶段的基本理财原则。由于个人情况不同，每个人面临这几个时期的情形也会有差异。而且，阶段与阶段间有时也会重叠。因此，虽然有人主张以年龄来区分人生阶段，但人的个别差异实在太大，每个人经历人生重大阶段的年岁也有早有迟，一般来说，以不同的生活内容和重心来区分阶段较合适，也较能掌握不同的用钱目标，制定不同的用钱计划。

第五章

靠得紧也不一定温暖——人脉观

交朋友,三教九流,各色人等,似乎每一个人身上都有我们可以与之相交的原因。但你需要明白:不是所有的朋友都可以交,就如不是所有的蘑菇都可以吃一样。交一个好朋友可以给你带来无限的好处;交一个坏朋友,给你带来的坏处也是无法估量的。所以,交朋友一定要慎重。

距离效应

许多人在交友过程中都在不自觉地犯着一个错误,那就是与人靠得太紧,走得太近。因而常常会在一段时间的持续高温之后急速转冷,甚至降至冰点。这其中的原因就是忽略了一个"度"的问题。其实仔细想想,个中道理应是我们都该明白的。况且古人也一再告诫我们"物极必反"。人际关系的建立同样在遵循着这个道理,即使我们与他人的关系再亲密也该在彼此之间留下一点儿自由呼吸的空间。这样,亲密的关系才能维持得长久。

对人际距离的把握一定要注意以下几个方面:

首先要尊重别人的隐私。不论多么亲密的人际关系,也应彼此保留一定的心理空间。人们总以为亲密的人际关系特别是夫妻之间、父母与子女之间似乎不应当有什么隐私可言。其实,越是亲密的人际关系越是要尊重隐私。

这种尊重表现为不随便打听、追问他人的内心秘密,也不随便向别人吐露自己的隐私。过度的自我暴露虽不存在打听别人隐私的问题,却存在向对方靠得太近的问题,容易失去应有的人际距离。

其次要有容纳意识。容纳意识要求我们尊重彼此间的差异,容纳他人的个性,容纳对方的缺点,谅解对方的一般过错。"水至清则无鱼,人至察则无徒。"清澈见底的水里面不会有鱼,过分挑剔的人不会有朋友。没有容纳意识,迟早会将人际关系推向崩溃的边缘。

最后要懂得运用距离效应。距离效应是指由于时间的阻隔,彼此间有了距离;一旦把距离缩短,重新相聚,双方的感情将得到最充分的宣泄。

第五章 靠得紧也不一定温暖——人脉观

在这里,距离成了情感的润滑剂。因此,应当培养自己拉开一定距离的习惯,同时也不要时刻把自己的透明度设置为百分之百。内心没有隐秘足显自己的坦荡,因此失去了应有的人际距离,无形中为以后的人际矛盾种下祸根,这就不是明智之举。

就一般而言,交往双方的人际关系以及所处情境决定着相互间自我空间的范围。美国人类学家爱德华·霍尔博士划分了4种区域或距离,各种距离都与对方的关系相称。

1. 亲密距离。这是人际交往中的最小间隔或几无间隔,即我们常说的"亲密无间",其近范围在约15厘米之内,彼此间可能肌肤相触,耳鬓厮磨,以致相互能感受到对方的体温、气味和气息。其远范围是在15~44厘米之间,身体上的接触可能表现为挽臂执手,或促膝谈心,体现出亲密友好的人际关系。

2. 个人距离。这是人际间隔上稍有分寸感的距离,较少直接的身体接触。个人距离的近范围为46~76厘米之间,正好能相互亲切握手,友好交谈。这是与熟人交往的空间。陌生人进入这个范围会构成对别人的侵犯。个人距离的远范围是76~122厘米。任何朋友和熟人都可以自由地进入这个空间,不过,在通常情况下,较为融洽的熟人之间在交往时保持的距离更靠近远范围的近距离76厘米一端,而陌生人之间谈话则更靠近远范围的远距离122厘米端。

3. 社交距离。这已超出了亲密或熟人的人际关系,而是体现出一种社交性或礼节上的较正式关系。其近范围为1.2~2.1米,一般在工作环境和社交聚会上,人们都保持这种程度的距离。一次,一个外交会谈座位的安排出现了疏忽,在两个并列的单人沙发中间没有放增加距离的茶几。结果,客人自始至终都尽量靠到沙发外侧扶手上,且身体也不得不常常后仰。可见,不同的情境、不同的关系需要有不同的人际距离。距离与情境和关系不相对应,会明显导致人出现心理不适感。

社交距离的远范围为7~12英尺（2.1~3.7米），表现为一种更加正式的交往关系。公司的经理们常用一个大而宽阔的办公桌，并将来访者的座位放在离桌子一段距离的地方，这样与来访者谈话时就能保持一定的距离。如企业或国家领导人之间的谈判，工作招聘时的面谈，教授和大学生的论文答辩等等，往往都要隔一张桌子或保持一定距离，这样就增加了一种庄重的气氛。

4. 公众距离。这是公开演说时演说者与听众所保持的距离。其近范围为约3.7~7.6米，远范围在7.6米之外。这是一个几乎能容纳一切人的"门户开放"的空间，人们完全可以对处于空间的其他人"视而不见"，不予交往，因为相互之间未必发生一定联系。

显然，相互交往时空间距离的远近，是交往双方之间是否亲近、是否喜欢、是否友好的重要标志。因此，人们在交往时，选择正确的距离是至关重要的。

人际交往的空间距离不是固定不变的，它具有一定的伸缩性，这取决于具体情境，交谈双方的关系、社会地位、文化背景、性格特征、心境等。

不同国家、不同民族，文化背景不同，其交往距离也不同。这种差距是由于人们对"自我"的理解不同造成的。例如，北美人理解"自我"包括皮肤、衣服以及体外几十厘米的空间，而阿拉伯人的"自我"则仅限于心灵，他们甚至把皮肤当成身外之物，因此交往时，往往出现阿拉伯人步步逼近，总嫌对方过于冷淡；而北美人却连连后退，接受不了对方的过度亲热。同是欧洲人，交往时，法国人喜欢保持近距离，乃至能感受到对方的呼吸，而英国人会感到很不习惯，步步退让，维持适合于自己的空间范围。

社会地位不同，交往的自我空间距离也有差异。一般说来，有权力有地位的人对于个人空间的需求相应会大一些。比如我国古代的皇帝，

第五章
靠得紧也不一定温暖——人脉观

坐在高高的龙椅上，与大臣们拉开了较大的距离，独占较大的空间；大臣们在皇帝面前均要弯腰低头，眼睛不能直视皇帝，退朝时还要背朝外出。所有这些，都表现了皇帝至高无上的权力与地位。当人们接触到有权力有地位的人时，不敢贸然挨着他坐，而是尽量坐到远一点儿的地方，这都是为了避免因侵犯他的自我空间而惹他生气。

人们确定相互空间距离的远近不仅取决于文化背景和社会地位，还有性格和具体情境等因素。

因经，当我们了解了交往中人们所需的自我空间及适当的交往距离后，就能有意识地选择与人交往的最佳距离，而且，通过空间距离的信息，还可以很好地了解一个人的实际的社会地位、性格以及人们之间的相互关系，更好地进行人际交往。

亲密需适度

"度"是一种很难把握的无形概念，而适度就更难把握，但在与人交往时我们还是必须去把握。"适度"真可谓是一个人际交往中的难题！与人走得远了，别人会觉得你难以接近，高傲怠慢；与人走得近了，别人会觉得你故意亲热，黏腻无趣。总之，近了也不好，远了也不对。不远不近、不疏不亲才是"适度"。那么，这个度该如何衡量和把握，就要视你和对方的关系而定了。而且，这个适度的问题需要你在生活的过程中慢慢体会，积累经验。尤其是在与你关系至亲的朋友和爱人之间，"适度"是更加重要的一个概念。如果你掌握不好这个度，再亲密的友情和爱情都会在"高温"之后分崩离析。

虽然朋友失去了还可以再交，但新的朋友未必比老朋友好；爱人失去了也可以再找，但新人未必比旧人更适合你。失去任何一份珍贵的感情都是人生的损失。为了避免失去朋友，避免让多年的友情随风而散，有一个原则值得考虑，那就是保持距离！

这话似乎有些矛盾，既然是好朋友、亲密爱人，那为何还要保持距离？这样不就彼此疏远、缺乏诚意了吗？而现实中很多人感情疏散，问题就恰恰出在这种形影不离之中。

人为什么会有"一见如故"、"相见恨晚"之感，就是因为被彼此的气质所吸引，一下子就越过鸿沟而成为好朋友，这个现象无论是在同性还是异性之间都一样。但两个人不管相互之间的吸引力有多大，他们毕竟是两个不同的个体。彼此所处环境不同，所受教育不同，因此人生观、价值观再怎么接近，也不可能完全相同。如果没有差异那就是两个同一体了，就不存在彼此之间的吸引力了。一对处于"蜜月期"的新婚男女，当蜜月期一过，便不可避免地发现彼此的差异和缺点，并且这种差异表现得越来越多。结婚之前，他们一直在求同，眼里闪烁的总是对方的优点。而经过一个阶段后，求同的动力变小，差异就显露出来。于是从尊重对方开始变成容忍对方，直至最后要求对方！当要求不能如愿，便开始挑剔、批评，然后人离情散。

密友之间交往的艺术与夫妻之间相处的艺术有些共同之处。如果你有了自己的"好朋友"，与其因为太接近而彼此伤害，不如适度保持距离，以免碰撞，而且还能增进双方的感情。

所谓"保持距离"，简单地说，就是不要过于亲密，不要一天到晚形影不离。也就是说，心灵应贴近，但形体应该保持距离。

"保持距离"能使双方产生一种"礼"，有了这种"礼"，就会相互尊重，避免碰撞而产生矛盾。但运用这一技巧时，一定要注意一个"度"，如果距离过大，就会使双方疏远。尤其是现代社会，大家都在为自己的事业奔波，实在挤不出时间，这样很容易忘了对方。因此一对好朋友也要经常打个电话，了解对方的近况，偶尔碰面吃吃饭，聊一聊。否则就会从好朋友变成一般的朋友，最后变成仅仅是一个熟人，两人的友情会逐渐淡漠！

林颖把王怡看成是比一日三餐还重要的朋友，两人同在一个合资公司做公关小姐，公司的工作纪律非常严格，交谈机会很少。但她们总能找到空闲时间聊上几句。

星期天，林颖总有理由把王怡叫出来，陪她去买菜、购物、逛公园，王怡每次也能勉强同意。林颖每次都兴高采烈，不玩一整天是不回家的。

有一次，林颖说有人给她介绍了一个男朋友，要王怡一起去相看，王怡说："不行，我得去学习。"林颖怕王怡偷偷溜走，一大早就赶到王怡家死缠烂磨，王怡因此没有上成电脑班。

从那之后王怡开始有意疏远林颖，她们的聚会少了，可是林颖却惊奇地发现，她们的友谊反而更加深厚了。

与朋友交往，适当保持一点儿距离对双方都有益而无害。而且多数人都不愿被别人紧追不放，怕失去该有的心理空间和自由。所谓不即不离才有吸引力就是这个原因。而且，你一旦对朋友总是黏着不放，很容易让他觉得你是在有意讨好他。这种费力不讨好的事你大可不必去做。

要给自己留一点儿缝隙

"热胀冷缩"是自然界的一个普遍规律。所以，在任何实际运用中，人们都在不自觉地运用着这一规律，以免靠得太紧或离得太远而出问题。在人际关系中，要保持一种良好的关系，同样离不开这一规律的运用，那就是为防止"热胀冷缩"造成的伤害，与人适当保持距离，给自己留一点儿缝隙。

人与人之间，如果还没到亲密无间的地步，便是一条射线，前面的路还会很长；一旦亲密无间了，就成了一条线段，那份交情就要进入倒计时了。

拿破仑说："没有永远的朋友，也没有永远的敌人。"友谊之所以不能永久，是因为我们往往情不自禁地把好事做尽，没有给友谊留下必要的生长空间。

两个人有如两条铁轨，平行着才能走远。真正的快乐是无法分享的，真正的痛苦也无法分担。与一个不幸的人分享幸福，只能使他的内心更加凄凉。心灵和情感上的某些东西是无法替代的，正如两条铁轨不能相交一样。

心扉完全敞开，容易伤风着凉。将内心的隐秘昭示于恶人，那会成为他手上的把柄；昭示于善人，会成为他精神上的负担，因为要为你恪尽守口如瓶的责任。所以，一个心理成熟的人，不会自找麻烦，也不会让别人为难。

出门旅游，我们在某个景点留影，总要用门匾做背景，并千方百计突出其特点。这是要把距离拉近，表明我们和那个景点之间的关联。假如这个景点就在自家门口，我们反而忽略了门匾，忽略了其特点突出的那一部分。这是要把距离拉远，太熟悉了，审美的角度就要变换一下。

照相要把握好距离，人际交往也是如此。

这里有一个耐人寻味的故事。故事讲述了一位女士短暂的婚姻史，离婚的原因听起来像天方夜谭。用她丈夫的话说："你对我们太好了，我们都觉得受不了了。"原来这位女士非常喜欢关心照顾别人甚至到了狂热的地步。每天除了正常的工作外，所有的家务，包括买菜、做饭、洗衣服、擦地板等等，都由她一个人包办，别人绝不能插手，弄得丈夫、公公、婆婆觉得像住在别人家里一样。好事几乎都被她做尽了。久而久之，全家人对其忍无可忍，终于提出要让她离开这个家庭，因为他们都感到心理不平衡。

也许你会有这样的疑问：坐享其成不好吗？其实，对一个有劳动能力、理智健全的人来说，独立、付出都是正常的生活需要。人际关系中如果不能相互满足某种需要，那么这种关系维持起来就比较困难。

一提到人际交往，卡耐基几乎成了一个"成功人际交往"的代名词。他的一个重要的思想就是要遵循心理交往中的功利原则，这一原则是建立在人的各种需要（包括精神与物质内容）的基础上，即人际交往是满足人们需要的活动。

心理学家霍曼斯早在1974年就曾经提出人与人之间的交往本质上是一种社会交换，这种交换同市场上的商品交换所遵循的原则是一样的，即人们都希望在交往中得到的不少于所付出的。中国古语有"交友强于己"，就是这个道理。

其实，不仅是得到的不能少于付出的，如果得到的大于付出的，也会令人们心理失去平衡，开头的那个故事就是很好的例证。在父母和子女之间也常有这样的情况，很多父母抱怨自己为孩子付出很多，结果孩子却不领情，其实是孩子承受了太大的压力所致。

初入社交圈中的人，常犯的一个错误就是"好事一次做尽"，以为自己全心全意为对方做事会令关系融洽、密切，事实上并非如此。因为人不能一味地接受别人的付出，否则心理会感到不平衡。中国人讲究回报，"滴水之恩，涌泉相报"，这也是为了使关系平衡的一种做法。如果好事一次做尽，使人感到无法回报或没有机会回报的时候，愧疚感就会让受惠的一方选择疏远。

人际交往要有所保留的道理人人都懂，但是，如何做以及其中包含的心理学的道理未必都知道。留有余地，好事不应一次做尽，这也许是平衡人际关系的重要准则。

在农村，乡亲们对于给过他们帮助的人总是好酒好肉的招待。好酒好肉是他们能拿出的最好的东西，只有拿最好的东西才能回报别人的帮助。也只有这样，在下一次有求于人时他们才会觉得自己不欠别人的，才不会心有愧疚。假如别人不接受他们的招待，那么乡亲们也许再也不会求助于他。这是淳朴的本心，但也的确是正确的交往之道。所以，如果你想帮助别人，而且想和别人维持长久的关系，那么不妨适当地给别人一个机会，让别人有所回报，不至于他们因为内心的压力而疏远了双方的关系。

学会反向识人

　　世间的纷繁复杂远不及人心的纷繁复杂，善于伪装的人是不会让你从正面看清他的真面目的。假如你受他迷惑，轻信于他，必定会吃亏上当，惨遭暗算。因此，看人不能光看正面，更应该从反面去辨识他，以达到清楚识人的目的，达到交到好朋友的目的。

　　一只狐狸为了躲避猎人，看见一个伐木人便请求把它藏起来。伐木人叫狐狸到他的茅屋里去躲着。过了不久，猎人赶到了，问伐木人看见狐狸没有。伐木人一面嘴里说没看见，一面打手势，暗示狐狸藏在什么地方。但是，猎人没有注意到他的手势，却相信了他的话。狐狸见猎人走了，便从茅屋里出来，不打招呼就要走。伐木人责备狐狸，说它保全了性命，却连一点儿谢意都不表示。狐狸回答说："假如你的手势和你的语言是一致的，我就该感谢你了。"

　　这只狐狸面对一个人做的事，并未受到表面的迷惑。对于口里说要行好事、实际上要做坏事的人，有一种很好的识别方法：观其表面之意而作反解，可即刻识破其虚假勾当。站在逆向思维的角度，能让我们从反面去发现从正面很难看见的真实情况，从而避免轻信所带来的失误。

第五章
靠得紧也不一定温暖——人脉观

就以生活中女子选婿来说吧,一个好端端的女子没能找到一个好丈夫,结果,她的一生就抹上了一层愁绪。我们经常听到一些女子说:"我不在乎他是干什么的,只要他对我好!"这里面确有一些苍凉的味道,同时,也足以证明她们希望能找到一个好丈夫。可是,如何通过婚前男性的美丽光环来看清其本来面目呢,那就不妨用反向识人法来做一个判断。比如:

1. 越是有礼貌、言谈中肯的男人,也许婚后越会计较芝麻小事

有礼貌、言谈中肯的男人是多数人都喜欢的,所以一般姑娘以及姑娘家人都把这一点看在眼里,喜在心上,因为他们知道这种男人知书达理,今后生活也是靠得住的。这样的推断,从一个角度看是对的,换一个角度呢?他们的优点又恰好成了他们的缺点,因为这类男人,他们不仅情感细腻,而且对任何一件事,任何一样东西有时候也是细腻的。比方说,他们会要你穿这件衣服,而不穿那件;他们会对你无意中说的一句话深深记在心中,或加以分析;他们会因你去参加了单位组织的一场舞会而独自生闷气,或干脆暴跳如雷;他们会因叫你买蓝色窗帘而你偏偏按自己的审美观点买了绿色的,于是喋喋不休地唠叨个没完……生活里的每一个细节,他们几乎都要干涉。和这样的男性生活在一起,显然会经常产生矛盾,发生口角。在离婚卷宗里,不少是因为女方无法忍受丈夫细腻到近乎刻薄而导致离婚的。

2. 对自己的修饰过分讲究的男人可能有自私的动机和忽略女性的倾向

有些男人过分地打扮自己,纯属一种自恋。也许是因为他们太爱自己了,所以,就顾不上爱别人,甚至是自己的爱妻。有位十分有风韵的中年女子说,她的丈夫很有风度,既会买衣服,又会搭配着穿。可是,他对她和孩子却没有表现出应有的热情。

平时大家在一块兴趣盎然地谈老婆、谈孩子、谈家庭,他却在一旁

神情淡然。这种男性，大概不单是为了想吸引女性，可能也是一种自我满足和自我表现吧。

3. 过分体贴异性的男人，说不定婚后容易变得专横霸道

在这一点上，时间能证明一切。在你成为他妻子之前和你已经成了他妻子之后，时间把他割成两个人。我们不能简单地说这种男性是骗子，但是，他们对你的殷勤、百依百顺，又确实是为了达到目的而采取的一种本能的手段。那么，在婚后，他的态度也许就会随着时间的流逝而日渐改变，直到从前的温柔体贴全部烟消云散，剩下的，或者说能取代的，就只有"大男子主义"的身体力行以及态度上的专横跋扈了。

4. 喜欢夸耀自己的男人，往往个性偏向歇斯底里且虚荣心强

有不少男青年在恋爱对象面前不甘寂寞，喜欢神采飞扬地夸耀自己：是某某重点大学毕业的啦，在某某机关坐办公室，月薪近3000元，单位人如何评价他有才能、机智啦……一切都被拔高拉长了，而这种光环又最容易令姑娘心旷神怡，倍感自豪。其实，越是这一流的男性，就越有可能是一个三流的公民，他们的虚荣心极强，自私又任性，情绪上极不稳定。这种个性在心理学上称为歇斯底里性格。此类型的男人由于内心是自卑的，是虚脱的，因而也就是无力的。但他们要装潢门面，这样就会不断地去用言行欺骗自己，欺骗别人。这样的男人，又怎能去关心、体贴别人呢？

5. 犯错误时找很多借口的男人婚后夫妻之间容易吵架

当我们的恋人在约会时间晚到半个小时或一刻钟时，他反反复复地解释是因为什么什么原因才迟到的，这样的人就是没有能力认识错误、承认错误的人。一般人犯错误时，多半有两种反应：一种是立刻向对方认错赔礼，另一种则是先做一番自我解释。前者是个性率直而且比较体谅别人的人，而后者则比较自私，凡事都以自我为中心来行动。后者很怕遭到他人的批评，因此，不愿轻易认错。相反，把责任全部往对方身

上推。试想，这样的人，他们怎么可能理解妻子？丈夫永远不愿承认自己的不是，永远怪罪妻子，永远是妻子的错，如此个性缺陷，又怎能使家庭和平安宁？

从正面洞察人心很容易被迷惑，而且弄不好还极易引起对方的反感和抵御，而从反面入手，恰恰可能不费吹灰之力就可达到目的。需要注意的是，从反面识人也要慎重，不能不加分析地怀疑一切，以至于"以小人之心，度君子之腹"了。所以反面识人时也需灵活运用。

患难时更显真情

在人的观念领地，真情所占的比重往往更甚于金钱和其他，假如得不到别人的真情相待，那将是一种最大的痛苦。但千金易得，真情无价。在平常的交往中，礼尚往来、相互关心，未必是真正的感情投入。只有患难时才可以使真情凸显。

大难当头时，人们总是愿意联合起来，这时候他们就成了朋友。而当朋友不能够共御灾难时，人们又通常出卖朋友来保存自己，所以识别朋友的方法十分复杂。孙子说："吴人越人相恶也，当其同舟共济而遇风，其相救也如左右手。"说的是当舟将沉下水去时，吴人越人，都想把舟拖出水来，成了方向相同的合力线，所以平日的仇人，就会变成患难相救的好友。

然而，人在危难时也易出卖朋友。要避免交上一个不可靠的朋友，就要采取下列方法：交朋友首先得有共同的操守和共同的志趣，不分年长年幼，也不分男性女性，但思想必须站在同一高度上才有可能成为真朋友。如果没有这个基础，就很难说他是不是你的真朋友。在人们遇到困难、危机的时候，非万不得已是不会向朋友要求什么的，一旦求到就说明了求助者对朋友的信任和认同。而真朋友往往是即使自己倾家荡产、牺牲性命也会举义相助的。见死不救、落井下石者绝不会是真朋友。朋友应是以心相交的，所以，当他们发现彼此身上存在的缺点时，肯定会诚心诚意地直接指出来，不会有任何顾忌。这种直言不讳的朋友是真朋友，而文过饰非、有所保留的不见得是真朋友。

其次是要重视义。三国时孙策夺取丹阳后，吕范要求暂领丹阳都督的职务。孙策说："我现在已经拥有很多兵马，怎么再委屈你做这小官呢？"吕范说："我舍去本土托身于将军，就是为了同你一起共创大业。我俩像是同舟涉海，存亡相关，稍有不慎就要遭到失败。这就是我的忧虑，不单单是您啊！现在丹阳这样重要，关系全局，还计较官职大小吗？"孙策非常感动，认为吕范是自己可以共生死的朋友，就把丹阳交给了他。

顺境中，特别在你春风得意时，凡来往多的都可以称之为朋友。大家礼尚往来，杯盏应酬，互相关照。但如果风浪骤起，祸从天降，比如你因事而落泊，或蒙冤被困，或事业失意，或病魔缠身，或权力不存等等，这时，你倒霉自不必说，就连昔日那些笑脸相对的朋友也将受到严峻的考验。他们对朋友的态度、距离，必将看得一清二楚。那时，势利小人会退避三舍，躲得远远的；担心自己仕途受挫的人，会划清界限；酒肉朋友因无酒肉诱惑而另找饭局；甚至还有人会乘人之危而落井下石，踩着别人的肩膀向上爬。当然也有始终如一的人继续站在你身边，把一颗金子般的心捧给你，与你祸福相依，患难与共。如古人所说："居心叵测，甚于知天，腹之所藏，何从而显？"答曰：在患难之时，真朋友、假朋友、亲密的朋友、一般的朋友、"铁哥们儿"、"投机者"就泾渭分明了。

权力官位、金钱利益历来都是人心的试金石。有的人在当普通一兵时自觉人微言轻，尚与伙伴们情同手足，同喜共忧。一旦他的地位上升

第五章 靠得紧也不一定温暖——人脉观

了，便官升脾气长，交朋会友的观念也就变了。对过去那些"穷朋友"、"俗朋友"便羞于与他们为伍，保持一定距离。比如，有两位战友在战争年代同甘共苦，建国后一位因犯一般错误离开部队。后来他的这段历史被当成严重历史问题被追究。为了说清问题，他去找当年的战友为自己作证，可是这位当了领导的战友却怕连累自己，拒而不见，说不认识他。这位老兵伤心地掉下了眼泪。很显然，这位领导在关键时刻太不够朋友了。这种做法和落井下石又有什么区别呢？

在利益面前，各种人的灵魂也会赤裸裸地暴露出来。有的人在对自己有利或利益无损时，可以称兄道弟，显得亲密无间。可是一旦有损于他的利益时，他就像变了个人似的，见利忘义，唯利是图，什么友谊，什么感情统统抛到脑后。比如，在一起工作的同事，平日里大家说笑逗闹，关系融洽。可是到了晋级时，名额有限，"僧多粥少"，有的人真面目就露出来了。他们再不认什么同事、朋友，在会上直言自己之长，揭别人之短，在背后造谣中伤，四处活动，千方百计把别人拉下去，自己挤上来。这种人的内心世界，在利益面前暴露无遗。事过之后，谁还敢和他们交心认友呢？

当然，大公无私、吃亏让人、看重友谊的还是多数。但是，在利益得失面前，每个人总会亮相，每个人的心灵会钻出来当众表演，想藏也藏不住。所以，此刻也是识别人心的大好时机。

中行文子在落难之时，能够推断出"老友"的出卖，避免了被其落井下石的灾难，这可以让我们得到如下启示：当某朋友对你，尤其你正处高位时，刻意投其所好，那他多半是因你的地位而结交，而不是看中你这个人本身。这类朋友很难在你危难之中施以援手。

话又说回来，通过逆境来检验人心，尽管代价高、时日长，又过于被动，然而其准确程度却大于依推理所下的结论。因此我们说：激流之时测度人心不失为一种稳妥的方法。

隐观人心

　　精明的人善于分散他人心志，再伺机加以打击。因为人的心志一旦分散，便很容易受挫，那些图谋不轨者善于隐藏其真实意图，本意是要独占鳌头，却常常甘愿暂居第二。他们下手害人的最佳时机不外是人人都看不见他们张弓搭箭的时候。所以，对于他人的阴谋诡计，一定要小心识破。要提防他们翩翩来去，伺机夺取其猎物。他们为了阴谋能最终得逞，往往会声东击西，往来周旋。他们如果做出表面上的让步，你切不可轻信松懈。有时，最好的办法是让他们明白，你早已识破他们的花招。

　　张扬的敌手未必险恶，难对付的是外表柔弱的奸邪之徒，因为他容易让我们因疏忽而遭暗算。虽然柔弱之人未必心照，但对他们更应多加防范。

　　谨慎最能防备欺诈。若对方心思精细，你就更应小心。有人善于将他的事变为你的事。你若看不透他们的意图，就会被人利用。辨别真相需退隐静观，因而智者与谨慎者从不急于下判断。

　　东晋大将军王敦去世后，他的兄长王含一时感到没了依靠，便想去投奔王舒。王含的儿子王应在一边劝说他父亲去投奔王彬，王含训斥道："大将军生前与王彬有什么交往？你小子以为到他那儿有什么好处？"王应不服气地答道："这正是孩儿劝父亲投奔他的原因，江川王彬是在强手如林时打出一片天地的，他能不趋炎附势，这就不是一般人所能做到的。现在看到我们衰亡下去，一定会产生慈悲怜悯之心；而荆州的王舒一向保守，他怎么会破格开恩收容我们呢？"王含不听，于是径直去投靠王舒，王舒果然将王含父子沉没于江中。而王彬当初听说王

第五章 靠得紧也不一定温暖——人脉观

应及其父要来,悄悄地准备好了船只在江边等候,但没有等到,后来听说王含父子投靠王舒后惨遭厄运,深深地感到遗憾。

好欺侮弱者的人,必然会依附于强者;能抑制强者的人,必然会扶助弱者。作为背叛父辈王敦的王应,本来算不上是个好侄儿,但他的一番话说明他是深谙世情的,在这点上,他要比"老妇人"强得多(王敦每每称呼他兄长王含为"老妇人")。

柔被弱者利用,可以博得人同情,很可能救弱者于危难之中。弱者之柔很少有害,往往是弱者寻找保护的一个护身符,柔若被正者利用,则正者更正,为天下所敬佩。正者之柔,往往是为人宽怀,不露锋芒,忍人所不能忍。

柔还有可能被奸、邪者所利用,这就很可能是天下之大不幸。他们往往欺下罔上,无恶不作;在强者面前奴颜卑膝,阿谀奉承,在弱者面前却盛气凌人,横行霸道,他们以柔来掩盖真实的丑恶嘴脸,让人看不到他的阴险毒辣,然后趁你不注意时狠狠地戳你一刀。这才是最可怕的。宦官石显虽不能位列三卿,但也充分利用皇帝对他的宠信而日益骄奢淫逸,滥施淫威。在皇帝面前他却显出一副柔弱受气的小媳妇神态,不露一点锋芒,以博得皇帝的同情和信赖,借此却又更加胡作非为。严嵩是一代奸相,可谓赫赫有名,恐怕要永垂大名于青史了,他奸也是奸得很有水平,把皇帝玩得团团转。奸贼在皇帝面前往往是以忠臣的面孔出现的,总是显得比谁都忠于皇上,忠于朝廷;而在皇帝背后却欺凌百姓,玩弄权术,恶名昭著。正是这种人才善于用手腕,以他的所谓柔来战胜他的敌人,达到他不可告人的目的。他们往往长于不动声色,老谋深算,满肚子鬼胎,对手往往来不及防备便遭暗算。

日常生活中,有的人总是毕恭毕敬的模样,一般而言,这样的人与人交际应对,大都低声下气,并且始终运用赞美的语气。因此,初识之际,对方往往感觉不好意思。但是,交往日久,就会察觉这种人随时阿谀的态度而致厌恶。

仔细观察后就会了解，这种类型的人在幼年期，多数受到双亲严厉且不当的管教而致心理扭曲。总是怀抱不安与罪恶感，心中有所欲求时，就受到内在自我的苛责。久而久之，这些积压的情绪经过自律转化，就现形于表面。这样的表象，是他们所自知的，却是难以修正的，因为借着毕恭毕敬的态度，他们才能平衡内在的不安与罪恶感，并且压抑益深，态度益甚。也就是说，他们外表的恭敬并非是内在的反映。

这种人常常过分使用不自然的敬语，常是敌意、轻视、具有警戒心的表示。因为常识告诉我们，双方关系好时是用不着过多恭敬语的。比如：贵府的千金真可爱！你丈夫又那么健康，实在令人羡慕……这类口头的礼貌，并不表示对你的尊敬，而是表示一种戒心、敌意或不信任。

公允地说，毕恭毕敬的柔弱者，大多并非是什么恶人邪徒。之所以强调对他们的防范，是因为在他们柔弱的表象给我们带来安全感之时，混迹其中的黑心者很容易偷袭得手。

由此可见，当我们与外表平柔之人打交道时，应该力戒松懈，小心测试他内心的意图，而绝不能掉以轻心，对外表毕恭毕敬的人更应如此。这样才不至于落入他人的陷阱。

交友务必求精

朋友是我们生活中不可缺少的一部分，但也并非朋友越多越好。朋友太多，无疑就会增加应酬的次数，留给自己的空间就会相对减少。如果因不慎而交错了朋友还很可能让自己走失方向，落入迷途。所以，朋友不在多，而在于精。

第五章
靠得紧也不一定温暖——人脉观

"交友结友不在多,而在于质量,多交必滥。"这是中国古代人的交友经验。人们常说:"朋友遍天下,知心有几人,"的确,知音难觅呀。况且,一个人的精力是有限的,如果不加选择,一味地以多结交朋友为荣,则会整日忙于应酬,把大部分精力都放在与朋友的周旋上,必然影响自己的正常工作、学习和生活。再者,结交的人多了,也必然影响到对朋友的观察和鉴别,如果所结交的人中有品行不端或用心不良者,也很可能给你带来危害。在社会上,确实有这么一种人,以广泛结交朋友为荣,可以说三教九流,无所不交。严格地说,这不是在交朋友,只不过是不负责任的一般交际行为。真正的朋友在于共同的志向和思想,在于互相帮助,使生活增加乐趣和光彩。

我们应把结交朋友看做一项十分严肃的事情,绝对不可轻率。在与对方交往的过程中,要注意观察其思想、兴趣、爱好、品质和行为,掂量一下是否值得结交。当然,这里并不强求朋友是各方面都比自己强的人。"毋友不如己者。"孔子是说不要和不如自己的人交朋友,这种观点虽然带有很大的片面性,但也有其道理。因为朋友之间本是互有短长的,在这方面你有优点,在其他方面他有特长,朋友相处,长短互补,这也是交朋友的益处之一。我们应该明白,孔子的意思是要交思想纯净、品德高尚的人,向这样的人看齐。还要注意,看朋友是否值得结交并不是不允许朋友有缺点。人无完人,朋友也是如此。只要你所结交的朋友品行端正,能够真心帮助你,不至于对你有害就可以了。

但在择友时,一定要明确自己的标准,要结交对你有帮助的益友。有的人以兴趣相投作为唯一标准,而不论对方的思想品行,只讲朋友义气,只要你对我好,我也对你同样好。你敬我一尺,我敬你一丈。你肯为我赴汤蹈火,我也会为你两肋插刀。至于是否有利于自己、有利于他人和社会,则根本不考虑了。在他的朋友中,既有讲吃讲喝者,又有讲玩讲闹者,甚至还有为非作歹、流氓地痞之类的人。这样,难免影响到自己。因此，我们一定要慎重选择朋友，切不可滥交，一定要避免和那些道德品行不端的人结交，免得沾染恶习。

　　一些人因交友不慎而走上违法犯罪的道路，从而使自己的前程、理想、事业全部化为乌有。比如，某公司经理马某，在业务往来中结交了许多朋友。一天，一个朋友和他一起吃喝玩乐后把他带到宾馆的一间豪华房间，神秘地递给他一支香烟。马某毫不介意地抽了起来，不一会儿，马某感到异样，这时，朋友告诉他，香烟中放了毒品。马某当时十分气愤，转身就离去，但初次吸毒的体验却使马某产生了再吸一次的想法。于是，他再次找到那位朋友，又要了一些毒品。从此，马某一发而不可收，一个月过后，他已经成了一个十足的瘾君子。公司业务他没心思过问，对妻子也不去关心，他只是不断地动用自己的积蓄，花费巨资用来购买毒品，而向他提供毒品的，正是引诱他第一次吸毒的那位"朋友"。短短两年时间，马某就花掉了几十万元的积蓄。妻子多次规劝，马某自己也曾多次痛下决心戒毒，两次进戒毒所，但都无济于事，妻子失望之余弃他而去，马某悔恨不已。后来登上公司正在承建的一座16层楼房的楼顶，然后跳了下去，结束了自己的生命。

　　可见，交朋友也非相识即可为友，相交就可相信。多几个朋友当然不是什么坏事，但至少需要有度，更应重视质量，不能轻易拒绝，更不能轻易深信。否则，吃亏的就该是你了。

第六章

无知是成功路上的绊脚石——学习观

从来没有看见过哪一个无知的人可以成就一番大事。知识是人类赖以传承和发展的最有利的武器，一个人的无知会遭致社会的厌弃和鄙夷，一个国家的无知则会遭致覆灭。当你想要成功时，就必须先搬开无知这块最大的绊脚石。

学习是竞争的需要

20世纪七八十年代靠"胆子",八九十年代靠"点子",那么从此以后则必须靠"脑子"。伟大的苏格拉底有句话非常正确:"世界上只有一样东西是珍宝,那就是知识;世界上只有一样东西是罪恶,那就是无知。"

对于已经跨入21世纪的我们而言,竞争意味着什么,相信没有一个人会糊涂到找不出答案。但在竞争中靠什么取胜,有的人的观念可能仍然会滞留在20世纪,这种观念的落后直接导致的就是人生的落后。正如苏格拉底所说的,知识就是珍宝。21世纪光凭"胆子"和"点子"是无法走通竞争之路的。知识才是制胜的法宝。

随着社会不断进步,人的平均寿命也随之延长,但知识的寿命却在日渐缩短。知识正在以前所未有的速度更新,让我们在体验着科技快感的同时,也不得不去正视这种速度所带来的压力。如果我们不重视学习,我们就无法取得生活和工作需要的知识,无法使自己适应这个急速变化的时代,就极易在竞争中落败。

何颜是一个只有高中文化水平的女孩子,但在一次面试中被一家外企录用。好朋友劝她,在外企就职,对于她这样一个只有高中文化水平的女孩子,本来就很艰难了,又要面对两个不同国籍、有着不同文化背景的外国老总,工作难度简直不敢想象。但外柔内刚的何颜,越是不可思议的事,她越是觉得富有挑战性,越是有兴趣。

刚进公司那段日子是最难熬的。总经理们只把她当成一个只能干杂事的小职员,不停地派些零七八碎的事情让她做,同事们也当她是个毛孩子,何颜委屈得不知流了多少泪水。但她忍耐着,抓紧一切机会去学

第六章
无知是成功路上的绊脚石——学习观

习，学外语、学业务知识，寻找着让别人认识自己的机会。

除了把工作做得周到细致外，她还把自己所能见到的各种文件，全部都搬到自己的工作台上，只要有空就去认真翻阅琢磨，了解研究公司的业务。对于外文文件的文字障碍，就不厌其烦地去翻看她的那两本无声先生——英文字典、法文字典。一年多以后，她对公司的业务可以说了如指掌，为自己进入通畅的良性工作循环状况做了坚实的准备。

外文水平在不断提高，这种速度令她自己都吃惊不小——业务方面的外文文件看起来盲区少多了。

而作为一个大公司的职员，没有足够的现代知识武装头脑，失去生存机遇的可能性就是百分之百。所以，她给自己制定了严格的学习计划——学习外语，学习计算机。在她的时间表里，休息日的概念早已模糊，在正常的五天工作日，她必须像其他的职员一样坚守工作岗位，又需要她为总经理们的活动做好一切安排。为此，她常常加班，时间在她那儿已被挤压得没有什么空隙，经常是别人都快下课了，她才急匆匆地赶到，抱歉地向老师打个招呼，就全神贯注地进入了学习状态。就是这样，她还是风雨无阻地坚持着。她常说，等我有了钱，我会给自己选择一个安稳的、理想的学习环境。

社会的竞争对于每个人而言都是残酷的，对于一个只有高中学历的柔弱女孩子，你可以想象她所遇到的种种挫折并非我们用文字就可以尽诉的。但是她成功地站稳了脚跟，就是因为她很清楚知识对于她的作用，并努力地吸取知识来充实自己。当你看到她成功的时候，你是否也看到了她超前的观念？

成功离不开知识

积累知识能力的提高对你的成功之路有很大的影响,没有见过见识短浅的人能成大事的。在这个"知识经济"时代,我们必须注重自己的学习能力,必须能够勤于学习,善于学习,才能在竞争激烈的社会中立于不败之地。

这一点古人早已有所察觉,曾国藩的一生就是最好的例证。

曾国藩出生在一个耕读之家,他的父亲竹亭老人曾经长期苦学,但却为科举考试所困,43岁时才补为县学生员。曾国藩的祖父星冈公没有读过多少书,但壮年悔过,因此对竹亭公督责最严,往往在大庭广众之下,就大声地呵斥儿子。至于竹亭老人,他的才能既然得不到施展,就发奋教育儿子们。曾国藩曾经在信中提到过这样的事:"先父平生苦学,他教授学生有20多年。国藩愚笨,从8岁起跟父亲在家中私塾学习,早晚讲授,十分精心,不懂就再讲一遍,还不行再讲一遍。有时带我在路上,有时把我从床上唤起,反复问我平常不懂之处,一定要我搞懂为止。他对待其他的学童也是这样,后来他教我的弟弟们也是这样。他曾经说:'我本来就很愚钝,教育你们当中愚笨的,也不觉得麻烦、艰难。'"

就是在这样的环境中,曾国藩受到了良好的家庭教育。

不过从根本上来说,他一生的成就还是源于他自己的苦读,正是他一生的学习不倦,才成就了他一生的辉煌。

对曾国藩来说,美服可以没有,佳肴可以没有,华宅乃至女人也可以没有,但是不能没有书,不能不读书,读书成了他生命中的最重要部分。

第六章
无知是成功路上的绊脚石——学习观

曾国藩从小就特别喜爱读书，1836年的那次会试落第后，他自知功力欠深，便立即收拾行装，怅然回归，搭乘运河的粮船南归。虽然会试落榜，但却使这个生长在深山的"寒门"士子大开眼界，他决定利用这次回家的机会，做一次江南游，以实现"行万里路，读万卷书"的宏愿。这时曾国藩身上所剩的盘缠已经无几。路过睢宁时，遇到了睢宁知县易作梅。易作梅也是湖南人，与曾国藩家是世交，也认得曾国藩。他乡遇故人，易知县自然要留这位老乡在他所任的县上玩上几天。在交谈中得知这位湘乡举人会试未中，但从其家教以及曾国藩的言谈举止中，便知这位老乡是个非凡之人，前程自然无量。他见曾国藩留京一年多，所带银两肯定所剩无几，有心帮助曾国藩。于是当曾国藩开口向易作梅知县借钱做路费时，易作梅立刻借给了他100两银子，在临别时还给了他几两散银。经过金陵时，他见金陵书肆十分发达，留连忘返，十分喜爱这块地方。在书肆中曾国藩看见一部精刻的《二十三史》，更是爱不忍释，自己太需要这么一部史书了。一问价格，使曾国藩大吃一惊，恰好与他身上所有的钱相当。他下定决心，一定要把这部史书买下来；而那书商似乎猜透了这位年轻人的心理，一点儿价都不肯让，开价100两银子，一文钱也不能少。曾国藩心中暗自盘算：好在金陵到湘乡全是水路，船票已交钱定好，沿途就不再游玩了，省吃俭用。虽然银两很有限，但自己随身所带的冬季衣物在这初夏季节也用不着，还可以拿去当了换点儿盘缠。

于是曾国藩把一时不穿的衣物全部送进了当铺，毅然把那部心爱的《二十三史》买了回来，此时，他如获至宝，心理上得到了极大的满足。他平生第一次花这么多钱购置财物，这就是书籍。此一举动，足见曾国藩青年时代志趣的高雅。在曾国藩的一生中，他不爱钱，不聚财，但却爱书，爱聚书。

家中的老父得知他用上百两银子换回一大堆书的消息后，不怒反喜："尔借钱买书，吾不惜为汝弥缝（还债），但能悉心读之，斯不负耳。"父亲的话对曾国藩起了很大作用，从此他闭门不出，发奋读书，并立下誓言："嗣后每日点十页，间断就是不孝。"

曾国藩发奋攻读一年，将这部《二十三史》全部阅读完毕，此后便形成了每天读史书十页的习惯，一生从未间断，将一部《二十三史》烂熟于胸。

曾国藩不仅书读得多，而且读得极深，他是这样看待"专"字的："凡事皆贵专。求师不专，则受益不久；求友不专，则博爱而不亲；心有所专宗，而博览他途，以扩其识，亦无不可。无所专宗，则见异思迁，此眩彼寺，则大不可。一句不通，不看下句；今日不通，明日再读；今年不精，明年再读。"

治学贵专，不专则广览而不精，博阅而不深，只能得其皮毛而失其本质，知其形而忽其实，懂其表而不识其内涵。专一是治学的标尺，越专则标度越深。比如数学，仅仅知道公式，而不加以运用，只要题目稍加变化，便会丈二和尚摸不着头脑，束手无策。

曾国藩还善作札记，他说："大抵有一种学问，即有一种分类之法；有一人嗜之者，即有一人摘抄之法。"做札记的笔、纸要准备好，读书不动笔，等于白读；读书不作记，读也白读。

曾国藩读书还讲究一个"恒"字，读书是他坚持了一辈子的事情，日日读书，日日写作，真正做到了活到老学到老，勤奋不息。

积累知识很重要

无知致平庸。积累知识就是一个积累成功的过程。禀赋极高的人并不一定是成功者，而成功者却一定是一个注重知识积累、不断丰富自己

第六章 无知是成功路上的绊脚石——学习观

的人。有些人总是害怕自己的金钱少于他人，却已经忘了知识早已少于他人。当别人起跳高升时，他却连攀升的梯子都找不到。这是人生的一种悲哀。

做一个祝福他人高升的人固然很好，但做一个被祝福的人难道不是更好吗？

但需要记住的是，没有足够的知识储备，一个人就难以在工作和事业中取得突破性进展，难以向更高地位发展。

在成功之前，一个人要积蓄足够的力量。在这方面，托马斯·金曾受到加利福尼亚的一棵参天大树的启发："在它的身体里蕴藏着积蓄力量的精神，这使我久久不能平静。崇山峻岭赐予它丰富的养料，山丘为它提供了肥沃的土壤，云朵给它带来充足的雨水，而无数次的四季轮回在它巨大的根系周围积累了丰富的养分，所有这些都为它的成长提供了能量。"

即使在商业领域也是如此。那些学识渊博、经验丰富的人，比那些庸庸碌碌、不学无术的人，成功的机会更大。

有位商界的杰出人物这样说："我的所有职员都从最基层做起。俗话说：'对工作有利的，就是对自己有利的。'任何人在开始工作时如果能记住这句话，前途一定不可限量。"

无论目前职位多么低微，汲取新的、有价值的知识，将对你的事业大有裨益。一些公司的小职员，尽管薪水微薄，却愿意利用晚上和周末的时间到补习学校去听课，或者买书自学。他们明白知识储备越多，发展潜力就越大。

而从一个年轻人怎样利用零碎时间就可以预见他的前途。自强不息、随时求进步的精神，是一个人卓越超群的标志，更是一个人成功的征兆。

有一句格言说："只因准备不足，导致失败。"这句话可以写在无数可怜失败者的墓志铭上。有些人虽然肯努力、肯牺牲，但由于在知识和经验上准备不足，做事大费周折，始终达不到目的，实现不了成功的梦想。

看看职业中介机构的待业者名录吧，多少身强力壮、受过高等教育的人在这里登记，其中大部分人，因缺乏进一步发展的能力而驻足不前、被人超越、丢了饭碗。这些人本来就没有深厚的根基，工作期间又不注意积累经验、增加才能，当然会被淘汰。

小王在一个律师事务所任职三年，尽管没有获得晋升，但他在这三年中，把律师事务所的门道都摸清了，还拿到了一个业余法律进修学院的毕业证书。这一切都是为了开办他自己的律师事务所所做的积累，结果他成功了。

而另一些在律师事务所工作的朋友，按从业时间来说，他们的资格够老的了，但他们仍然担任着平庸的职务，赚着低微的薪金。

经过比较，前者立志坚定、注意观察、勤于思考、善于学习，并能利用业余时间深造，必将获得成功；后者恰恰相反，不管他们是否满足于现状，他们这样庸庸碌碌地混日子，永无出头之日。

一个前途光明的年轻人随时随地都注意磨炼自己的工作能力，任何事情都想比别人做得更好。对于一切接触到的事物，他都能细心地观察、研究，对重要的东西务必弄得一清二楚。他也随时随地把握机会来学习，珍惜与自己前途有关的一切学习机会，对他来说，积累知识比积累金钱更要紧。他随时随地注意学习做事的方法和为人处世的技巧，有些极小的事情，也认为有学好的必要，对于任何做事的方法都仔细揣摩、探求其中的诀窍。如果他把所有的事情都学会了，他所获得的内在财富要比有限的薪水高出无数倍。

在工作中积累的学识是一个人将来成功的基础，是他一生中最有价值的财富。

如果你真有上进的志向、真的渴望造就自己、决心充实自己，就必须认识到，无论何时、无论什么人都可能增加你的知识和经验。

能通过各种途径汲取知识的人，才能使自己的学识更加广博、深刻，使自己的胸襟更加开阔，也更能应付各种各样的问题。

我们常听到一些人抱怨薪水太低、运气不好、怀才不遇，却不知道其实正处身于一所可以求得知识、积累经验的大校园里。今后一切可能的成功，都要看他们今日学习的态度和效率。

学习是终身要做的事

有的人认为，学习只是某一阶段的事情，或者学校才是学习的场所，离开了学校就再没有必要进行学习，除非为了取得文凭。

这种观念乍一看似乎很有道理，其实是不对的。在学校里自然要学习，难道走出校门就不必再学了吗？学校里学的那些东西，远远不足以支撑你的人生步履。

学校里学的东西是十分有限的。工作中、生活中需要的许多知识和技能，课本上是没有的，老师也没有教给我们，这些东西完全要靠自己在实践中边学边摸索。

我们更应该把自己的精力与心思，放在收集、学习与研究那些以后的人生旅程上所需要的知识、学问与技能上，这就是要进行"再教育"。

因为，据美国国家研究委员会调查，半数的劳工技能在1~5年内就会变得一无所用，而以前这段技能的淘汰期是7~14年。特别是在工程界，毕业10年后所学还能派上用场的不足1/4。

因此，学习已变成随时随地的必要选择。

瓦尔特·司各脱爵士曾说："每个人所受教育的精华部分，就是他自己教给自己的东西。"

已故的爵士本杰明·布隆迪先生曾愉快地回忆起这句名言。他过去常常庆幸自己曾经进行过系统的自学，而这一名言其实适用于每一个在文、理科或艺术领域内的成就卓著者。学校里获取的教育仅仅是一个开端，其价值主要在于训练思维并使其适应以后的学习和应用。一般说来，别人传授给我们的知识远不如通过自己的勤奋和坚韧所得的知识深刻久远。靠劳动得来的知识将成为一笔完全属于自己的财富，它更为活泼生动，持久不衰，永驻心田，而这恰恰是仅靠被动地接受别人的教诲所无法企及的。这种自学方式不仅需要才能，更能培养才能。一个问题的有效解决有助于探求其他问题的答案；而这样，知识也就转化成为才能。无须设备，无须书本，无须老师，也无须按部就班地学习，自己积极的努力就是唯一的关键所在。

近年来，新技术、新产品和新服务项目层出不穷，就业能力的要求随着技术进步的加速也在不断变化着，标准的提高，使得技术发展的要求与人们实际工作能力之间出现了差距。由此产生了一种相当普遍的社会现象：一方面失业在增加，另一方面又有许多工作岗位找不到合适的就业者；一方面争抢人才的大战异常激烈，另一方面又有大批在岗者被迫离开岗位。伴随着知识经济的来临，企业对劳动力不再只是数量需求，更重要的是对其质量有了新的标准和需求。强化知识更新、树立"终身受教育"的观念已成为时代的呼唤。

所以，无论从事哪一种事业，都需要不断地学习。只有学习才能扩大视野，获取知识，得到智慧，才能把工作做得更好。

大凡杰出的人，都是终身孜孜不倦追求知识的人。在漫长的人生经历中，即使再忙再累再苦，他们也不放弃对知识的追求，学习既是他们获取知识的途径，又是他们在逆境中的精神支柱。在他们看来，知识是

第六章
无知是成功路上的绊脚石——学习观

没有止境的，学习也应该是没有止境的，学习使他们的思想、心理和精神永远年轻，也使他们的事业日新月异。

在人生的这场游戏中，你应当保持生活的热情和学习的热情，不断地汲取能够使自己继续成长的知识来充实你的头脑。

要有自己的学习目标和计划

我们在一生当中也许会遇到许多事情，每一件事里都蕴含着人生的大学问。我们也读过许多书，每一本书里也都有我们需要掌握的知识。但我们的人生很短暂，时间的仓促不容许我们去涉猎太多的东西，就像我们给自己定了一个要在中午之前登上山顶观光的目标就不能留恋山腰的景致一样。我们的学习也是有目标的学习。如果给自己定了一个目标就应该全力以赴地吸收在这个领域发展的知识。而不要留恋其他的知识。比如，你想成为一名数学家，就该重点学习数学，而把数学之外的文学知识当做一门辅助科目去学习，而不能顾此失彼。

福特少年时，曾在一家机械商店里当店员，周薪只有2美元多一点儿。他自幼好学，尤其对机械方面的书籍更是着迷。因此他每星期都花两元多钱来买书，孜孜不倦地研读，从未间断。

当他和布兰都小姐结婚时，只有一大堆五花八门的机械杂志和书籍，其他值钱的东西则一无所有；但他已拥有了比金钱更宝贵、更有价值的机械知识。

几年后，福特的父亲给他200多平方米的土地和一栋房屋。如果他未研读过机械方面的杂志书籍，终其一生，也许只是一个平凡的农夫而已。但"人往高处走，水往低处流"，已具有丰富的机械知识、胸怀大志的福特，却朝向他向往已久的机械世界迈进。此时，从书本上得来的知识，便助他开创出一番大事业。

功成名就之后，福特曾说道："积蓄金钱虽好，但对年轻人而言，学得将来经营所必需的知识与技能，远比蓄财来得重要。""年轻的朋友，先把钱投资于有益的书籍吧！从书上可学到更大的能力。至于储蓄，有了充分的能力致富后，开始蓄存还来得及。"

"书到用时方恨少。"知识的积累只有达到一定的数量，才能发挥应有的功能。

在知识的积累中，最重要的是要有目标。有目标的积累最有效，这是因为：

有了目标，才谈得上有计划。目标不清楚，就无从制定计划，也做不成任何一件事。

有了目标，才能明确"积"什么，"累"什么。缺乏内在联系的知识，或虽有联系但彼此相隔太远的知识，积累得再多，也难以发挥作用。

有了目标，才可能判断知识的相对价值。知识都具有或大或小的价值，但是对于不同的立志成才者来说，它们的价值又具有相对性，并不一样。语言对于学习历史、哲学、文学的人价值很大，可是对学现代物理的人价值就小多了。因此，应根据自己的需要，选择最有用的知识。可见，只有明确目标，才能在较短的时间内掌握较多的知识。

积累知识，还要注意一定阶段内求知的限度。一个什么都想学、什么都想积累的人，最后什么都学了一点儿，却什么都不精通，那就等于白费。

一位教育学家指出："你的周围有一个浩瀚的书刊的海洋，要非常严格慎重地选择阅读的书籍和杂志。钻研和求知欲旺盛的人总是想博览一切，然而这是做不到的。要善于限制阅读范围，要从中排除那些可能会破坏学习制度的书刊。"

讲求知的"限度",为的是建设好一个人知识结构的框架,并不是说其余一概不看,一概不读。积累知识,并不是为了堆集材料,而是为了组成一定的结构,发挥知识的功能。这就要考虑知识的整体效应。

那么,作为精神世界的结构——知识结构,应该怎样强化它的整体效应呢?

1. 突出知识结构的特色。所谓知识结构的特色,主要是由其核心决定的,在知识结构之中,核心决定结构的性质与功能。这个核心的构成是复合的,不是单一的。但是一般都有一门、两门知识占有较大的比重。比如,物理学人才的知识结构核心多是由物理学、数学组成。

2. 要使知识系统化。系统化就是按照科学的内在联系组织知识,使之能在课题面前有效地解决问题。达尔文认为:"科学就是整理事实,以便从中得出普遍的规律或结论。"别林斯基也认为:"只要一涉及科学,那么主要的事就是讲究有系统、有秩序。"知识系统化,不仅是发挥其功能的前提,也是科学本身的重要特征。

3. 要注意知识间的相互联系。注意知识间的相互作用,实质是掌握知识间的融会贯通,不要把任何一门知识或一门知识的某一部分凝固化。同时,要从整体结构上去把握知识之间的纵横联系,使自己的知识熔于一炉。比如,地理学与历史学之间有着紧密的联系,历史事件的发生总是不能脱离一定的空间、时间。学好地理有利于学好历史,学好历史,也可以促进学好地理。

4. 实行灵活的求知动态调整。合理、高效的知识结构不是一成不变的,而是动态发展的。时代在不断地发展变化,人的认识要想不落伍,就得不断调整,才能与之相适应。

调整的基础有两个,一为反馈,一为预测。反馈是适应性的,预测是主动性的,二者都不可忽视。例如爱因斯坦,在他读大学的时候并没有认识到数学在他研究物理学中的重要地位,上数学课常让同学代他做笔记。可是,到后来攻占相对论高地的时候,没有数学工具——黎曼几何、能量分析几乎寸步难行。信息传来,他马上进行补充数学知识的长征,经过几年的努力,他终于驾驭了数学工具,完成攻克相对论理论高地的目标。

调整是为了提高知识结构的完美性,但是世界上并没有一种至善至美的结构。追求知识结构的完美无缺,并不是我们的目的。关键是使自己的知识结构具有攻克成才目标的功能。

让学习帮助你成就事业

一个人的事业成就或大或小,都与其自身的知识水平和知识结构是密不可分的。所以,学习内容也与事业成就有着密不可分的联系。要想取得较大的成就,我们必须掌握一些最基本的学习内容。

比如:

1. 在智力方面的学习

智力就是人们通常所说的智慧,一般说,在我们的成才活动中需要培养的智力包括:观察力、记忆力、思维力、想象力、注意力5个方面。

观察力是智力活动的门户。观察力的培养对青年的学习与成才十分重要,但观察力的培养并非轻而易举就能获得。在观察力的学习与培养过程中,既要学会观察事物的全貌,又要学会观察事物的各个组成部分;既要观察事物发展的全过程,又要观察事物发展的各个阶段;既要观察事物的相似之处,又要观察事物的细微差别;既要观察事物比较明显的特征,又要观察事物比较隐蔽的特征。

第六章
无知是成功路上的绊脚石——学习观

记忆力是智力活动的仓库。人们智力结构中的诸要素都离不开记忆力。培养记忆力，首先是要增强记忆力的敏锐性、正确性、持久性和备用性；同时也应当借助思维的帮助，通过思维加强对知识的理解，建立起必要的联想，这是通向记忆的坚实之路；还要正确对待遗忘，一方面要掌握遗忘的规律，同遗忘作斗争，另一方面只有遗忘掉那些不必记住的东西，才能牢记那些必须牢记的东西。

思维力是智力活动的核心。失去思维力，观察力、记忆力、想象力和注意力的作用都无从发挥。所以，我们在学习的过程中，一定要善于"思考、思考、再思考"。有人曾把青年的学习分为三种不同的水平：记忆的学习水平、理解的学习水平和思考的学习水平。第一种水平只求记住学习的材料，甚至不惜死记硬背。第二种水平则要求弄懂学习材料的意义，力求融会贯通。第三种水平是以问题为中心，通过积极思考，力求发挥自己的创造性，主动去解决问题。应该说，这三种水平的学习都是客观存在的。但就实际情况来看，第一、二种水平的人占多数，第三种水平的人数为少。因此，对处于前两种水平的人而言，要努力把自己提高到后一种水平上来，否则，成才之路会变得黯淡失色。

想象力是智力活动的翅膀。想象力的作用，在于使人的智力奔放起来，飞腾起来，推动人们去创造，培养想象力，就要不断增强想象的丰富性、新颖性和独创性。但是我们又不要去提出那种毫无根据、完全不着边际的胡思乱想。想象，只有同现实紧密联系才富有创造性，才是真正难能可贵的，才是科学成才所必须的。

注意力是智力活动的维护者。注意力的作用在于使心理活动指向、集中或转移到某种客观事物上。人们的一切智力活动，包括观察、记忆、思维、想象，都只有在注意力的参与下，才能有效地、顺利地进行。因此，我们在自己的学习生活中，必须善于掌握和调整自己的注意力。

2. 在能力方面的学习

能力就是人们通常所说的才能和本事，它是一个人运用知识和智力成功地进行实际活动的本领。

实践证明，创造能力与知识的多少成正比。"才以学为本"，"非学无以成才"。这是人类从实践中总结出来的真理。在学习中掌握智力、能力、科技知识、品德、个性等方面的知识，是造就人才综合素质的根本保证。无数成功者的经历都证明了这一论断的正确性。

知识与智能的统一，是一个人成才的重要因素。在学习知识和发展智能的问题上，存在着两种片面的倾向：有的人读书较多，涉猎较广，注重智能，喜爱思考，但却或多或少地轻视系统知识的学习；有的则习惯于把学习的任务仅仅归结为知识的积累，对智能的培养较少关心。这两种倾向都有一定的片面性。尤其是后一种倾向，将会严重地影响我们的成才速度，要特别引起注意。

创造能力是青年成才的重要标志。创造能力是一个人知识、智力、能力的综合反映，是表现一个人能提出有价值的新思想、新方法、新成果的本领。高创造力不是每个人都具有的，它是智力"金字塔"顶上一颗闪光的明珠，一个人只有在不断的学习与奋进过程中才能摘取。

我们要使创造能力真正发挥出来并促进自身成才，还要在知识、经验、技能和个性品质等综合素质方面下工夫，培养解决实际问题的能力。

从这个意义上说，学习是成才的基础，而能力的学习比知识的学习更重要。

3. 在科学文化知识方面的学习

科学文化由三个基本的层次组成：第一个层次是器物层次，比如新的技术、设备和物质产品等。在现代社会生活中，不会使用科技产品和高科技工具，很难在现代社会生活中站稳脚跟，更不用说有所作为了。

第二个层次是制度层次，制度层次的科学文化，主要体现在社会各个领域的体制和组织管理的一系列变革中，其中最重要的就是强调科学人才在各个领域中的比重。制度层次科学文化的深入发展，将为成才者提供制度上的保障。第三个层次是价值观和行为规范层次的科学文化。这一层次的科学文化集中体现在由近代科学技术发展所提倡的科学精神中。比如批判、创新、理性、规范、求真、献身、公平、宽容、效率、协作等科学精神，这些精神不仅为近代科学技术的持续发展提供了重要的思想理论基础，也为走向知识经济时代的成功者提供了宝贵的精神基础与思想前提。

4. 在品德方面的学习

很早以来，史学家、文学家、思想家就提出了德、识、才、学、体是成才的五大内在因素，而"德"为五大因素之首。品德是成才的根本保证，这一点古今中外学者都一致认同。"德薄者，终学不成也。"道德作为一种知识，需要在长期的追求中，才能成为人内在的品德素质。人才的品德包括一般品德和劳动品德。一般品德指在日常学习、生活中所表现出来的道德品质。如爱国、爱民、爱公、民主、团结、守纪、礼貌、谦虚、助人、尊重、守信、诚实、勇敢、勤劳、正直、律己等。劳动品德指人才在进行创造活动的过程中所表现出来的道德品质，如为民造福、严谨认真、坚持真理、团结协作、热爱事业、艰苦探索等。这两个方面并不是截然分开的，两者之间相互渗透，共同对人才的成长产生影响。

5. 在个性方面的学习

个性，是指一个人在生活、生产活动中表现出来的比较稳定的、带有一定倾向性的特征。比如坚定性、敏捷性、严谨性、独立性、主动性、专注性、灵活性等。人才的成长不仅与智力有关，而且与非智力的个性因素有关。我国学者也认为：成功离不开良好的个性品质，如目标坚定而远大、兴趣广泛而专一、情绪积极而稳定、有好奇心和求知欲、有道德感和美感、有坚持力和自制力、有自信心和进取心、有独立性和创造性、富有幽默感等。个性心理品质虽然有一定的遗传因素，但更多的是在后天的学习中培养出来的。因此，个性学习是一个人成才学习中必不可少的学习内容。

不要轻视自学的机会

如果你在早年因为种种原因而失去了学习的机会，那么你就会永远落伍吗？不是的，只要你想重塑自己，只要你有上进的决心，只要你想弥补因以前失学而造成的知识断层，那么你就自学好了。

许多人都有过度重视大学教育的心理，那些不曾受过大学教育的人，时常会感觉到一种自卑感，他们往往认为这是一种无可挽回的损失，是一生都没有办法补救的缺陷。他们甚至这样以为：不管以后怎样去自学都于事无补，根本达不到与大学教育同等程度的知识水平，自修得来的学识总是有限的。然而，一个不争的事实是：世界上许多极负盛名的学者一开始就没有读过什么大学，有的人甚至连中学的大门都没有跨进过。有一句话说得好："第一个大学生没有导师，"这句话的现实意义乃至哲学意义，都会给人以深刻的启迪。

爱迪生只上了3个月的小学，但他是世界闻名的发明大王；高尔基只上到了小学五年级，但他是俄国乃至世界级的大文豪；华罗庚只是个中学生，但他是驰名寰宇的数学家。这些名人，这些成就，这些耀眼的光环，都是他们勤于自学、博览群书的结果。

不仅历史上自学成材的典故很多，就是在当代，这样的例子也比比皆是。

第六章 无知是成功路上的绊脚石——学习观

刘明1960年出生，1岁时患小儿麻痹双腿乏力，9次手术也没有改变他重度残疾的命运。刘明哭过、绝望过。然而，意志坚强的他没有被重残吓倒，没有放弃对美好生活的向往和对理想的追求。他想：自己还有健全的双手和灵活的大脑，有手有脑就有一切。他坚信一点：自己只要努力，许多事都能做到。

双腿的残疾没有挡住刘明上学的路，那是一条漫漫的自学之路。在十多年的时间里，他学完了小学、中学、大学的全部课程，而且文理双修。在英语学习方面，刘明更可谓不遗余力。他是通过广播电视自学的英语。为此他长期订阅《中国电视报》、《中国广播报》，以及相关的地方报纸，目的是可以及时听到他所能收听的所有的英语节目。同时，为了减少学习的盲目性，增加系统性，他认真参照英语教学大纲进行自学，极大地提高了学习效率。

但是自学英语的问题是，不可能做到你想学什么就可以学什么。比如，刘明特别喜欢英语新闻，经常收看电视英语新闻，因为在他看来，收看英语新闻不但可以了解天下大事，活跃思维，而且有助于训练听力，学习口语。但是电视节目转瞬即逝，而且没有书面材料，让人很难准确掌握新闻语言的特点。怎么办？聪明的刘明买来了《英语新闻听力模拟训练》和录音带等有关材料，开始进行听力训练，同时又到"英语角"练习会话。在英语角里，刘明是唯一的一位残疾人，他刻苦求学的精神让英语角的所有人感动，他的英语水平更让那里的人惊叹不已，甚至连外籍老师都不敢相信他是自学的。

经过十几年的刻苦努力，刘明先后取得了电视大学英语、高等数学两门课程的结业证书，以及高等教育自学考试英语专业英语精读合格证书。这期间，刘明还靠自己摸索着苦练，掌握了中英文打字技术，并达到了熟练"盲打"的程度。

1985年，学有所成的刘明决定用自己的知识和双手养活自己，便开了一家翻译兼打印店。从此，自学成才的刘明走上了自立的人生道路。

　　自学的途径很多，刘明就是通过函授勤奋自学而成才的。如果我们每个人都有刘明的精神，都重视自学，那么就找时间学好了，相信也能获得很棒的成果，这必将有助于你事业上的成功。事实上，我们有很多机会学习，而且这些机会是随时随地的。只要你想努力进修并全神贯注，那么就完全可以弥补因失学造成的知识断层，甚至有可能成为某一个领域的专家或学者。

　　当你打定自学的主意时不要忘记，无论你遇到什么人，他们都会对你有所帮助，会使你增加一些知识与经验，从而使你的自学道路既通畅又走得很快。比如你遇见了一个瓦工，他会告诉你关于建筑方面的知识；比如你遇到了一个印刷工，他会告诉你很多关于印刷方面的技术；比如你遇见了一个农夫，他会教给你农业方面的很多知识……事实上，这是一种很有效的自学途径，说它有效，是因为它更直观，更便于接受。另外从技术上说，别人的言传身教，是一种在场景中的直观教学，放弃这样的学习机会，实在是天大的失误。可以说，不重视别人教授的知识就是对自学的轻视。因此，想要成就一番事业，你必须抓住每一次自学的机会。

第七章

不要和对手拼个你死我活——竞争观

如果竞争的最终目的只是为了得到一个你死我活的结局,那就是一种最原始、最不人道的竞争了。随着全球合作化时代的来临,竞争何不也换一种方式?如果竞争的双方能够在竞争中达成共赢,下一盘和棋,双双获利,不是更好吗?

什么是竞争的绝佳境界

在一般人的观念领域里,竞争的状态应该是以你死我活的竞争结局收场。在整个过程中,明枪暗箭、尔虞我诈是最常用的竞争手段。当竞争最激烈的时候,和平竞争可以突发为恶性竞争,直至两败俱伤。但有一部分人的观念却与此相反,他们希望竞争的双方都能够在整个过程中获利,在竞争中求合作,在合作中求生存。共赢是他们追求的最高境界,而具备这种观念的人才可能成为最大的赢家。

1987年6月法国网球公开赛期间,韦尔奇和法国政府控股的汤姆逊电子公司的董事长阿兰·戈麦斯相遇了。

在他们见面的时候,情形和韦尔奇第一次与别的商家会谈时没有什么两样。他们彼此的企业都需要帮助。汤姆逊公司拥有一家韦尔奇想要的医疗造影设备公司,这家公司叫CGR,实力不算很强,在同行业内排名只位居第4或第5名。而韦尔奇的GE公司在美国医疗设备行业则拥有一家首屈一指的子公司,但是他们在欧洲市场却没有明显优势。尤其重要的是,由于法国政府保持着对汤姆逊公司的控股,实际上这就等于将韦尔奇的公司关在了法国市场之外。

在会谈中,阿兰·戈麦斯明确地表示他不想把他的医疗业务卖给韦尔奇。但韦尔奇决定看看他是否对进行业务交换感兴趣。因此他向戈麦斯说明,他可以用自己的其他业务与他们的医疗业务进行交换。在此之前,韦尔奇非常清楚他不喜欢GE的哪些业务和公司,因此,他绝不会做赔本的交易。于是,他站起身来,走到汤姆逊公司会议室的讲解板前面,拿起一支水笔,开始在上面列出他能够卖给他们的一些业务。他列出的第一个项目是半导体业务,对方不想要。然后,他又列出了电视机

第七章
不要和对手拼个你死我活——竞争观

制造业务，这时，阿兰·戈麦斯立刻表示对这个想法很有兴趣。在他看来，他的电视业务规模目前还不算很大，而且全都局限在欧洲范围之内。他认为，通过这项交换可以把那些不赚钱的医疗业务甩掉，同时又能使他一夜之间成为第一大电视机制造商。他们两人对这项交易很是感到兴奋，于是马上开始谈判。很快，他们达成一致。谈判结束后，阿兰·戈麦斯陪着韦尔奇走出了电梯，一直把他送到等候在办公楼外面的轿车旁边。当车发动起来并从道路上疾驶而去的时候，韦尔奇一把抓住了他身边的秘书的胳膊，激动地说："天啊，是上帝来让我做这笔交易的，我当然有理由把它做得更好。""而且，我认为阿兰·戈麦斯也是真想做成这笔交易。"秘书回答他。他们都开怀大笑起来。韦尔奇确信阿兰回到楼上之后也会有同样的感觉。因为阿兰·戈麦斯也同样清楚，他的电视机公司规模太小，根本无法同日本人竞争。这笔交易可以使他获得一个相对稳定的经济规模和市场地位，从而使他可以应对一场巨大的挑战。对韦尔奇来讲，他在国内消费电子产品的业务年销售额为30亿美元，而买进汤姆逊的医疗设备，自己的业务年收入则将增加到7.5亿美元。这笔交易将使韦尔奇在欧洲市场的份额提高到15%。他将更有实力来对付GE的最大竞争者——西门子公司。在余下的6周之内，交易过程中的所有手续全部顺利完成，并于7月份对外宣布。除了做交换的医疗设备业务之外，汤姆逊公司还附带给了GE公司10亿美元现金和一批专利使用权，这批专利权将会每年为GE带来1亿美元的收入。而同时，汤姆逊公司也变成了世界上最大的电视机生产商。当媒体批评韦尔奇的这一做法时，韦尔奇对此发表评论说："这些批评都是媒体的一派胡言。事实是，通过交易，我们的医疗设备业务更加全球化，技术更加尖端，而且还得到了一大笔现金。每年专利使用费的收入就比我们前10年里电视机业务的纯收入还要多。而且，我们由此上缴国家的利税也是前些年的好几倍。"

就这样，韦尔奇与汤姆逊公司在很短的时间内做成了这笔交易，各自扩展了自己的业务量，最终双双取得了成功。在生意场上，双赢无疑是最佳的选择。但要做到这一点，却是很不容易的。

因为，双赢对竞争的双方而言虽然诱惑很大，但其中的关键因素却错综复杂，只有双方都能以诚相待，找到彼此可以合作的契合点，双赢才会有保障。

一定要具备双赢观

双赢观就是在最大限度内寻求利益双收的观念，即互惠互利，利人利己。

利人利己可使双方互相学习、互相影响及共谋其利。要达到互利的境界必须具备足够的勇气及与人为善的胸襟，尤其与损人利己者相处更得这样。培养这方面的修养，少不了过人的见地、积极主动的精神，并且应以安全感、人生方向、智慧与力量作为基础。我们都应该具备这样的观念，在竞争与合作中让自己活得潇洒。

品格是利人利己观念的基础，以下三项品格特质尤其重要：

一、真诚正直：人若不能对自己诚实，就无法了解内心真正的需要，也无从得知如何才能利己。同理，对人没有诚信，就谈不上利人。因此，缺乏诚信作为基石，"利人利己"便成了骗人的口号。

二、成熟：也就是勇气与体谅之心兼备而不偏废。有勇气表达自己的感情与信念，又能体谅他人的感受与想法；有勇气追求利润，也顾及他人的利益，这才是成熟的表现。许多招考、晋升与训练员工使用的心理测验，目的都在测试个人的成熟程度。

只可惜常人多以为魄力与慈悲无法并存，体谅别人就一定是弱者。

第七章
不要和对手拼个你死我活——竞争观

事实上，人格成熟者严于律己，宽以待人。在需要表现实力时，绝不落在损人利己者之后，这是因为他不失悲天悯人、与人为善的胸襟。

徒有勇气却缺少体谅的人，即使有足够的力量坚持己见，却无视他人的存在，难免会借助自己的地位、权势、资历或关系网，为私利而害人。但过分为他人着想而缺乏勇气维护立场，以致牺牲了自己的目标与理想也不足为训。

勇气和体谅之心是实现双赢不可或缺的因素，两者间的平衡才是真正成熟的标志。有了这种平衡，我们就能设身处地地为对方着想，同时又能勇敢地维护自己的立场。

三、富足心态：一般人都会担心有所匮乏，认为世界如同一块大饼，并非人人得而食之。假如别人多抢走一块，自己就会吃亏，人生仿佛一场游戏。难怪俗语说："共患难易，共富贵难。"见不得别人好，甚至对至亲好友的成就也会眼红，这都是"乏匮心态"作祟。抱持这种心态的人，甚至希望与自己有利害关系的人小灾小难不断，疲于应付，无法安心竞争。他们时时不忘与人比较，认定别人的成功等于自身的失败。纵使表面上虚情假意地赞许，内心却妒恨不已，唯独占有能够使他们肯定自己。他们又希望周围都是唯其命是从的人，不同的意见则被视为叛逆、异端。

相形之下，富足的心态源自厚实的个人价值观与安全感。由于相信世间有足够的资源，人人得以分享，所以不怕与人共名声、共财势。从而开启无限的可能性，充分发挥创造力，并提供宽广的选择空间。

真正的成功并非压倒别人，而是追求对各方都有利的结果。经由互相合作，互相交流，使独立难成的事得以实现。这便是富足心态的自然体现。

要想潜移默化地扭转损人利己者的观念，最有效的方式莫过于让他们和利人利己者交往。此外，还可阅读发人深省的文学作品与伟人传记，或观看励志电影。当然，正本清源之道还是要向自己的生命深处探寻。

建立在利人利己观念上的人际关系，有厚实的感情账户为基础，彼此互信互赖。于是个人的聪明才智可投注于解决问题，而非浪费在猜忌设防上。这种人际关系不否认问题的存在或严重性，也不强求消除各方分歧，只强调以信任、合作的态度面对问题。

然而合理的关系若不可得，与你交手的人偏偏坚持双方不可能都是赢家，那该怎么办？这的确是一大挑战。在任何情况下，利人利己都不是易事，更何况和自私自利的人打交道，但是问题与分歧依然要解决。这时候，制胜的关键在于扩大个人影响圈：以礼相待，真诚尊敬与欣赏对方的人格、观点；投入更多的时间进行沟通，多听而且认真地听，并且勇于说出自己的意见。以实际行动与态度让对方相信，你由衷地希望双方都是赢家。

实现双赢是人际关系的最大挑战，追求的已不止是完成谈判或交易，更要发挥感化的力量，使对手以及彼此的关系都能脱胎换骨。纵然少数人实在不容易说服，我们还可以选择妥协——有时为了维持难得的情谊，不妨有所变通。当然，好聚好散也是另一种选择。

总之，无论如何，双赢的观念应该是我们必备的。也只有在这种观念的引导下，才不至于让竞争变得生硬而不可调和。这种观念决定了我们的生存状态和个人成就，请你不要忽视它。

双赢需制度作保证

与其他保证一样，双赢结局的完美也需要一定的硬性保障，凭借这种保障，凭借这种共识，从属关系才可转换为合作关系，上对下的监督则转变为自我监督，双方才有可能共谋福利。

这类协议涵盖的范围相当广泛，例如雇主对员工、个人对个人、团体对团体、企业对供应商。这五项要素列举如下：

1. 彼此预期的结果，包括目标与时限，但方法不计；
2. 达成目标的原则、方针或行为限度；
3. 可资利用的人力、物力、技术或组织资源；
4. 评定成绩的标准与考评期限；
5. 针对考评结果定赏罚。

明确目标与评估标准树立后，双方才能有所遵循。传统权威式的管理是基于"彼之得即我之失"的信念，透支了情感账户的存款。一旦双方失去，便会对彼此期望的目标缺乏共识，无怪乎上司会采取猜忌的管理方式。

至于信任式的管理，其基本原则在于放手让别人去做。既然有协议作为约束，管理者只需扮演协助与考核的角色即可。

由自己评量得失，更能激发自尊。何况在高度互信的环境中，这种方式获得的测量成果准确度很高。因为当事人对自己的工作成效最清楚，间接观察或测量，总难免失真。

双赢的管理原则必须有合理的制度加以配合，否则理想与实际相抵触，要达到预期成果，无异于缘木求鱼。举例来说，个人或企业使命宣言列举的目标与价值，应有恰当的奖惩制度作为后盾。

斯蒂芬·柯维参加一家房地产集团的年度表扬大会。现场气氛热闹异常，公司还聘请高中乐队来助阵。当时有40人分别接受"业绩最高"、"佣金最多"等等奖项，可谓风光一时。但其余700多名与会的业务人员，内心感受如鱼饮水，冷暖自知。

他的顾问小组正好受聘于该公司，眼见这种做法产生不良副作用，他们立刻着手教育员工及整顿公司组织，树立利人利己的观念。全体员工不分阶级，共同拟定激励士气的奖惩制度，并自订个别的绩效目标，以鼓励互助合作，人尽其才。

第二年，成效卓著。在表扬大会上，与会的 1000 余人中有 800 人受奖，多半是由于达成自订的目标或团体达成部门目标而受奖，并不一定是因为把别人比了下去。会场上虽没有乐队、啦啦队助阵，但气氛依然热烈。更重要的是，绝大多数受奖人的平均业绩与为公司赚得的利润都是去年的 40 倍。

竞争在商场上尤其必要，各年度的业绩也应互作比较，甚至不相关的个人或机构间，都可以相互竞争。但众志成城对企业生存而言，重要性绝不亚于竞争。为激励士气，包括训练、企划、预算、资讯、沟通及薪酬等所有制度，都应鼓励合作。有一家连锁店的老板，因为售货员过于消极、对顾客不闻不问而深感苦恼，于是请斯蒂芬·柯维设计课程来改善员工的服务态度。经实地调查，他发现该公司员工的确有这种弊病，可是原因何在呢？这位老板说："我要求主管以身作则，把 2/3 的时间用于促销，其余 1/3 用于管理，结果他们的业绩确实不输给手下的售货员。"

原来真正的症结在此，这位老板心知肚明，只是不肯承认。斯蒂芬·柯维费了不少唇舌，终于使他明白，经理不应与店员争利，薪酬制度也应调整。经理的奖金须以售货员的业绩为准，而不是自相争夺。

许多情况下，问题是导源于错误的制度，而不是人。恶劣的制度甚至会使好人也受到感染。在企业中，主管可以改变制度，使属下成为向心力强、生产力高的团队，足以与其他企业竞争。在学校里，老师可根据每个学生的努力与表现来评分，并鼓励学生相互帮助。在家庭中，父母不要鼓励子女互比高下，应当培养全家人一条心。

另外，达成利人利己的流程也是一个重要环节。哈佛大学法学教授费希尔与尤里主张，以原则为重心的谈判对事不对人，着重双方的利益而非立场。目标虽在寻求彼此互利的解决途径，但不违背双方认同的一些原则或标准。

你不妨试着以下列四个步骤进行谈判：

1. 从对方的观点看问题，诚心诚意地了解他人的需要与顾虑，甚至比对方了解得更透彻；

2. 认清关键问题与彼此的顾虑；

3. 寻求彼此都能接受的结果；

4. 商讨达成上述结果的各种可能途径。

在此，还要特别指出的是双赢流程与双赢结果之间密切关联的性质。要取得双赢结果只能靠双赢流程——目的与手段应是一致的。双赢不是一种个人技巧，而完全是一种人际交往的模式。它是高度互信的结果，体现在能有效地阐明期望并实现结果的协议之中。它在支持性的制度里才有活力，并经由有关流程才能实现。

竞争也不要忘记合作

不少人认为，竞争就是你死我活，竞争就不能有合作。竞争双方似乎注定是利益截然对立的"冤家"对头。其实，换一种思路看，情况并不一定是这样。拿有争议的名人名事故地等旅游资源的开发、利用来说，双方何不来个"不同而和"、资源共享、联合开发、共同发展呢？如果双方联手，你把游客送到我这里，我把游客送到你那里，岂不是双赢？而且，游客也学会了比较、增长了见识。

搞市场经济不能没有竞争。有竞争才能激发动力、增强活力，促使企业不敢有稍许懈怠，不断推进科技进步，改善经营管理，降低成本，提高质量，增加效益。建设和发展也不能没有合作，有合作才能优势互补、取长补短、收拢五指、攥紧拳头、形成合力。

马克思说得好，协作不仅可以提高个人的生产力，并且是"创造一种生产力"，产生一加一大于二的神奇效果。聪明的人不但要积极与伙伴合作，也要勇于与竞争对手合作并从中获益。

如今，国外越来越多的大公司通过组建联盟参与全球竞争。竞争之中有合作、合作之中有竞争，这是对传统的竞争理念和模式的超越，是适应形势发展的必然选择。我国也有一些企业开始提出并实践这一理念。实践证明，过去那种仅仅把同行看成是"冤家"，认为有竞争就不能有合作的观点是片面的、有害的，它往往造成不必要的摩擦、内耗及浪费。而把竞争与合作结合起来，既竞争又合作，就能突破孤军奋战的局限，把自身优势与其他企业的优势结合起来，把双方的长处最大限度地发挥出来，既提高自己也提高别人的竞争力，实现双赢或多赢。

团结就是力量，联合就有优势。人们应该更明智地处理竞争与合作的关系，在积极竞争的同时，发扬光大团结协作精神。这样，才能把我们的事业发展壮大，越办越好。

一个美国成功人士说过，"没有永远的朋友，也没有永远的敌人。"这句话说得没错。

每个很要好的朋友，很可能在某些因素下成为敌人，毕竟金钱、名利的诱惑是很大的，我们不能保证人都能对朋友忠诚。更有可能，这只是外表的朋友。敌人也是一样，我们没有永远的敌人，就像在考场上，我们都是竞争的对手，谁也不会因为什么关系而放弃自己的学业。但是，在平常学习中，我们一起学习，互相帮助，这就是朋友是合作，我们没有选择的余地。生活在这个社会里，生下来就要竞争，只有强者才能生存，这也告诉我们一个道理，竞争给了我们充分的准备，竞争给了我们表现的机会。我们要合作也要竞争，要成为双赢的群体，只有这样，我们才能进步，才有竞争的资格。

有3只老鼠结伴去偷油喝,可是油缸非常深,油在缸底,它们只能闻到油的香味,根本喝不到油,它们很焦急,最后终于想出了一个很棒的办法,就是一只咬着另一只的尾巴,吊下缸底去喝油。它们取得一致的共识:大家轮流喝油,有福同享谁也不能独自享用。

第一只老鼠最先吊着去喝油,它在缸底想:"油只有这么一点点,大家轮流喝多不过瘾,今天算我运气好,不如自己喝个痛快。"夹在中间的第二只老鼠也在想:"下面的油没多少,万一让第一只老鼠把油喝光了,我岂不是要喝西北风了吗?我干嘛这么辛苦地吊在中间让第一只老鼠独自享受呢?我看还是把它放了,干脆自己跳下去喝个痛快!"第三只老鼠则在上面想:"油那么少,等你们两个吃饱喝足,哪里还有我的份,倒不如自己跳下缸里喝个饱。"

于是,第二只老鼠放了第一只老鼠的尾巴,第三只老鼠也迅速放开了第二只老鼠的尾巴,它们争先恐后地跳到缸底,浑身湿透,一副狼狈不堪的样子,加上脚滑缸深,它们再也逃不出油缸。

3只老鼠表面上是在一起合作了,可是它们彼此各怀鬼胎,这样的合作宁愿没有的好,只考虑自己,只顾及自己的利益的思维方式,只能是于人于己都不利,想要让自己成为真正的强者,一定要讲究双赢,追求团队合作。

培养合作精神

竞争是指为了自己的利益与人争胜。"物竞天择,适者生存",这是竞争的本质和普遍规律,也是自然界、人类社会得以前进的动力所在。可以说,竞争无处不有、无时不在。

合作是指两个或两个以上的人为了完成一项工作而团结一致,齐心协力。竞争者与合作者作为竞争与合作的主体及对象，与竞争合作相伴而生、相伴而灭。

合作与竞争，可以说伴随着人类的出现而几乎同时出现。从原始社会、奴隶社会、封建社会到资本主义社会，直至今天的社会主义社会，合作与竞争不仅没有削弱、消亡，相反，随着时间的推移和社会的进步，合作与竞争的趋势在增强。而且，随着人类生存空间的不断拓展、交往的不断扩大，人与自然斗争的不断深化、科技的不断发展，合作与竞争的联系也在日益加强。在向知识经济时代过渡的征途中，高科技的发展水平和发展速度已经超乎了人们的想象，通讯、交通等的发展使人们之间的沟通与交流变得空前容易，不论是国与国之间、组织与组织之间，抑或是具体的个人之间，竞争与合作已经成为了不可逆转的大趋势。在这样一个时代里，开展交流与合作的成本将大幅度降低，而效率则将大幅提高。实际上，任何一个人，任何一个民族、国家都不可能独自拥有人类最优秀的物质与精神财富，而随着人们相互依赖程度的进一步加深，那种一人打天下的思想多少显得有些幼稚。封闭的个人和孤立的企业所能够成就的"大业"将不复存在，合作与团队精神将变得空前重要。缺乏合作精神的人将不可能成就事业，更不可能成为知识经济时代的强者。我们只有承认个人智能的局限性，懂得自我封闭的危害性，明确合作精神的重要性，才能有效地以合作伙伴的优势来弥补自身的缺陷、增强自身的力量，才能更好地应付知识经济时代的各种挑战。

合作的好处在参与者的社会交往中，在改善劳资关系的同时，往往减少种族及民族偏见，或消除差异。参与合作项目的人往往更加投入到他们的工作中去，对他们的工作具有更大的满足和兴趣，对他们的能力和技能拥有更多的自信。

那么，该怎样培养自己的合作精神呢？

第七章
不要和对手拼个你死我活——竞争观

第一，尽可能地减少你对进攻性竞争的依赖。你不必努力证明自己，实际上，你越是拼命争取获胜，你越不能对自己这么做的能力产生信任。如果你信任你自己，你没有想在别人眼中暴露自己的压力，你就越可能超过别人。

第二，认识到你的成功需要别人的帮助。你不是生活在真空中，你不能在与世隔绝与孤立无援中完成自我实现。把健康的竞争和合作紧密结合起来，将有助你实现理想的平衡。

第三，把接受合作作为一个成功的策略。如果你被竞争性的抱负所驱使，那么你也许会顽固地抵制别人的建议，或者你也许随意地接受它们，但拒绝与人分享见解，唯恐你会失去荣誉。如果你把接受合作作为一个成功的策略，你就能分享别人的信息和反馈的好处。并非每一次竞赛都产生失败者，最好的结果就是双赢。通过从合作的成果中受益，你就能成功地实现你所选择的目标，并帮助你周围的那些人也成功地实现他们的目标。

掌握正确的合作方法

当我们了解到与人合作的重要性时，与人合作的方法就被提到了一个关键的地位上来。习惯于单打独斗的人很难在短时间内学会与人合作。这就需要去改变原来的观念，学会与人沟通、合作，在成就团队的同时成就自己。不改变独行侠的观念，永远都只能是一个弱者。所以，必须具备与人合作的能力和方法。这就需要我们：

1. 准确认识自己在团体中的角色和与他人的关系

就如在一场球赛中"没有号码牌你无法分辨运动员"一样，一个团体要有效地发挥作用，就需要你识别出谁是"运动员"，他们彼此关系的性质，以及决策权是如何分配的。在一个你不熟悉的新团体中，弄清这些情况是特别重要的，它可以为你提供一个你在其中能说话和回答的"思考环境"。

2. 尊重团体的每一位成员

这是保证合作成功的基本准则。虽然你可能确信你比其他的参加者更有知识，但重要的是，你要让他人充分地表达自己的观点，而不要随意打断，或表现出不耐烦，做到这一点对于团体正常地发挥功能是很有必要的。也许在某些场合，其他成员不同意你的分析或结论，即使你确信你是正确的，当发生这种情况时，你需要做出必要的妥协和让步。如果做不到这一点，就接受现实，尽你所能阐述自己的观点，力争使他人能够接受。

3. 积极参与团体活动

在团体中，每个成员都应该具有奉献意识，并有责任做出自己应有的贡献。培养自己的社交能力，赢得团体中其他成员对你的尊重，或者对团体的决定施加影响，都是你必须努力做到的。既然你同样对团体的最终决策负有责任，无论你态度积极或保持沉默，你都可以贡献你的聪明才智。如果你不敢抛头露面，大胆地表述自己的观点，或觉得你的观点不如他人的有价值，那么，你需要首先排除这种消极认识。如果你感到忧虑和焦急，那么，你需要迫使自己迈出第一步。

4. 具备有效讨论的能力

清楚地表达你的观点，并提供支持的理由和根据；认真地聆听他人的意见，努力了解他人的观点及其支撑的理由；直接地对他人提出的观点做出回答，而不要简单地试图阐述你自己的观点；提一些相关的问题，以便全面地探究所讨论的问题，然后设法去回答问题；把注意力放在增加了解上，而不要试图不计代价地去证明自己观点的正确性。

5. 客观地评价观点，而不意气用事

当团体对其成员提出的观点进行评价时，应该运用批判思考的技能对它们进行评价。争论点或问题是什么？这个观点是如何说明问题的？提出这个观点的理由和根据是什么？它的风险和弊端是什么？重要的是要让团体的成员意识到评价的对象是观点，而不是提出观点的人。对有挑战性的观点应该做出这样的回答："我不同意你的看法，原因是……"而不应该说："你真无知。"只有如此，你才能与其他合作者进行良好的沟通。

以上是培养合作能力需要注意的问题。只要你有意识地培养与人合作的能力，就一定可以成功。

坚持合作原则

为保证相互之间的合作愉快而顺利地进行，坚持一定的原则则成为首要条件。无原则的竞争与合作都不可能产生最大化利益，就像玩游戏也需在一定的原则下进行一样。如果你因为某些因素不按原则进行，那么，合作必定会进入无序状态，其结果可想而知。为保证合作有序，我们就必须做到：

1. 寻求共同之处

无论你与对手之间的竞争或合作有多么艰难，共同之处总会寻找到的，以求共存是最明智的选择。

约翰给泽尼斯广播公司的老板尤格耐·F·麦克唐纳写了一封信，请求和他会面，谈论泽尼斯在美国黑人中做广告的利益关系，但麦克唐纳拒绝了他。

约翰并没有气馁，他又给麦克唐纳去了一封信，谈论他在黑人社团中的广告政策。

麦克唐纳回信说:"你是个具有坚持不懈精神的年轻人,我要见你。但是,不许提在你的出版物中做广告的事。"

这就提出了新问题,他们将谈些什么呢?

约翰去了趟美国查寻人物经历的机构,发现麦克唐纳过去是个探险家,曾继马修·亨森穿越北极圈的伟大壮举之后到过北极。而亨森也是一位黑人,他还就其探险的经验写过一本书。

约翰确信这是自己要打开的缺口。他请亨森在他写的一本书上签名,然后,他从即将出版的杂志中删除了一篇文章,换成了有关亨森的传记。

当约翰走进麦克唐纳的办公室时,麦克唐纳的第一句话就是:"看见那儿摆的雪靴了吗?是马修·亨森送我的。我认为他是我的朋友,你知道他写的那本书吗?"

约翰说:"知道。我碰巧随身带了一本,他很热心地在给你的书上签了名。"

麦克唐纳把书和杂志翻阅、浏览了一下,点头表示赞赏。约翰告诉他自己创办的这份杂志,就是要把像亨森这种以超群的勇气打破各种羁绊、取得成就的人物集中起来,介绍给广大读者。

麦克唐纳马上说:"既然这样,那我们非得在这本杂志上做广告不可了。"

2. 己所不欲、勿施于人

有时,我们凭一种感觉,经常会忽略掉他人的感受。但是应该记住最重要的事,就是我们大家彼此之间是如此亲密,以至于往往忘乎所以。在设法用我们的观念影响他人的时候,我们首先应该侧重于他人的需要,而不是我们自己。如果你想要使某个人满足你的重要需求,你就得搞清楚他想要什么,用他的利益来实现你的利益,以此来达到目的。

第七章 不要和对手拼个你死我活——竞争观

因为,你和他人总是有区别的。

3. 相信真诚的力量

多年前的一场意外,使戴丝由正常人一变而为喑哑残障,其中的人情冷暖,常令她伤感。坦白地说,她对人生是有些失望的,尤其在工作上受到的排斥和冷漠,使她几乎已提不起求职的勇气。但生存的问题,逼得她必须再三地去怀抱希望,再次接受被拒绝的打击和伤害。

辗转多次之后,戴丝通过许多朋友的安排与推荐,进入一家新闻传播机构任职。由于负责静态资料的管理,不仅非常适合她,且同事对她也非常友善、关怀,使她对人生又充满了期望和勇气。

不久发生了一件轰动的新闻事件,同仁们为了抢新闻、发布新闻而忙得不可开交。为了配合这一特大新闻,戴丝负责的资料、档案的调卷管理工作霎时变得非常重要,不断地要推出背景资料以提供新闻后勤支援。由于同仁要求资料支持非常急迫,此时,她的喑哑残障带来了工作上沟通的障碍和难度,不仅延误了宝贵的时间,也出了不少的差错。

事后,同仁的抱怨,使得单位主管重新检讨戴丝在此项工作上的适宜性,因此,有了将她调离现职之议。这其实不仅为了单位,也是为她好。但她实在舍不得离开这个热爱的工作,她急忙跑去向主管拍胸脯保证:"我可以认真学,可以在速度上加倍。"

从主管的眼神、表情中,戴丝得悉自己是不可能再呆在此处工作了,这对她真是致命的打击。

由于怀疑心作祟,戴丝发现同仁们不仅不再如以往那般和善,而且常常在周围窃窃私语、指指点点。

以往,同事间有任何活动都会邀她参加,但最近他们每星期一、三、五晚上都有活动,地点就在办公室,却再也不通知她,她也故意装作不知道。可憋着实在难受,她便趁着一个晚上他们举办活动时,故意装作把东西忘在办公室而前去拿取。

当戴丝打开大门时,他们都吓了一大跳,而她更是吓了一跳。原来他们不是在办土风舞会、桥牌或插花、纸雕等活动,他们请了手语老师在教他们学手语,不仅单位同仁个个都到齐,连单位主管也到了。

他们为了改善与戴丝在工作沟通上的困难,每个人都放弃了下班休闲的时间,认真地学手语,来适应她、配合她的工作。原来为了不把她调走,大家付出许多的心血和宽容!

第一次,戴丝发现了自己的无知,也发现人性的崇高和真诚;第一次,她流下的不是怨恨、感伤的泪水,而是感谢的泪水。

第八章

责任成就大业——责任观

当父母赐予我们生命的时候,也同时赐予了我们责任。我们在家庭里要尽一个家庭角色的责任,在社会中要尽一个社会角色的责任。我们不应该推卸这个责任。因为,这是一种人生价值的体现。而且你能背负的责任越大,就越证明你是一个有用的人。那些推卸责任的人,同时也推卸了自己的价值,承认了自己的无能。

要担起重大的责任

　　人不可能孤立地生活在这个世上，应为了别人和自己的利益而活。每一个人都要履行自己的责任——不管他是富比王侯，还是穷困潦倒。对于某些人而言，生活是幸福愉快的，但对于另一些人来说，生活却是痛苦的。然而，生活的最高境界不是为了个人享乐或名声地位，人们在一个善良的目标下，最强烈的动机应是充满希望地去从事有益的工作，扛起重大的责任。

　　应付困难的能力和创造事业的才能，都只有在重大的责任压力下才会激发出来。认为"有什么便表现什么"的人生哲学，不知贻误了多少年轻人体内潜伏着的巨大能力。没有责任，即使有最大的雄心和自信力，也未必会发挥最大的才能。

　　每个人对他自己所具有的最大能力都未必清楚，只有等到大的灾难、大的变故降临到他的头上，或是重大的责任降临到他肩上时，他的最大能力才会完全地施展出来。

　　一切平凡的工作，比如田间劳动、在制革场中工作、贩运木材、做店员、在市镇中做临时工，都不足以唤起格兰特将军心中潜伏着的睡狮，甚至连西点军校和墨西哥战争，都不能把它唤起。如果没有美国内战的爆发，或许格兰特将军的盛名就不会为人所知，也必不能流传后世。在格兰特将军的身体里，有着一种极大的力量，但是一直到美国内战爆发，才激发出他的全部潜能。

　　又比如林肯，他内在的伟大力量，也不是种地、伐木、做测量员、管理店务、做律师所能激发的，甚至做美国的国会议员也不能将其激发，而直到国家危急时刻，他担当起伟大的责任后，才激发了他那巨大的力量，成为美国历史上无可匹敌的大英雄。

历史上还有不少这样的例子，有一些杰出人物等到丧失了一切的境地，才激发出勇气来寻找生命的出路，或是等遇到了极大的不幸与灾祸，甚至到了绝望而进退两难的境地，才会竭尽全力来打开新的出路。时代造就英雄，伟大人物是由需要创造出来的，这些人为了战胜一切困难，为了克服种种艰苦，发挥出他们极大的力量，成了名垂史册的人物。

许多杰出的人物一开始所做的事，一点儿也没表现出他们与众不同的才能，直到厄运毁灭了他们的产业，剥夺了他们赖以生存的拐杖后，他们体内真正的力量才被完全地激发出来。

格兰特开始时为了维持生计只是撰述他在南北战争时的经验，后来他喉部患了癌症，医生说他只有几个月的寿命，为了还债养家，他决定写回忆录。他用10个月的时间写了29.5万字，这种工作量，即使是精力充沛的年轻人，也不一定办得到，而此时的格兰特将军已是奄奄一息，经常在工作中晕厥过去。最后那段时间，他怕自己窒息而死，甚至不敢到床上去睡觉，昼夜都坐在椅子上，当精神好一点儿时，他就在灯下奋笔疾书。

这部回忆录，在他去世的前几天才完成，所得的版税，不但还清了债务，而且还为他的家人留下了足够的生活费。

格兰特的事迹似乎有些悲凄的色彩，但却让人看到了人的韧性是多么强大，潜在的意志力是多么惊人。这种韧性和意志力必能让人在陷入绝境时，发挥惊人的创造力。

责任是最足以激发我们潜能的力量。没有担当责任的雄心就只能庸庸碌碌地活着，白白荒废自己的生命。许多身强体健的年青人整天游移在不确定的目标里，连自己的生活问题都处理不好，并时常拖累家人为他们操心，是一种极不负责的表现，这种不负责不仅表现在对家庭不负责，而且表现在对自己、对社会、对人生的不负责。这样的人因为没有责任感，而成了社会的负累。人是需要有责任感的，而且一个人的责任感越强就越可以创造与之对等的社会价值。

我们应该对自己的处境和人生有一个总体规划。有一点儿回报社会的责任感，勇于担负那些看起来很难完成的任务，用我们的责任感塑造一个有价值的自我。

人生应与责任相伴

在人类社会，社会权利需要人类履行自己的职责。一旦人们的责任感有所消退，社会将会崩溃。沃尔特·斯科特先生说过："如果人类停止相互帮助，种族必定灭亡。从母亲教育孩子要有责任感起，到死亡之际为人们揩去所有拘束，我们都不能脱离互助而生存。因此，所有需要帮助的人都有权利向同类请求得到帮助，没有人能够毫无愧疚地拒绝别人的求助。"

所有的一切都需要信心、勇气、谦虚、无私。无数种诱惑包围着人们，然而凭借信心和勇气，我们都能够置之不顾。责任要求我们行事正直、有爱心。正义使我们拒绝所有形式的自私、悲观和残忍。如艾斯克里先生所说的："善终将战胜恶，使所有恶事物向善事物转化。它将使黑暗变为光明，使欺诈变成诚实。"

责任感使我们的人生之路变得顺畅。它帮助我们去理解、去学习和服从，它使我们具有克服困难和抵抗诱惑的力量，以及完成目标的追求，使我们变得诚实、友爱、真诚。一切经验都在教导我们要塑造自我。我们拒绝干坏事，争取做好事。逐渐地，就成为了我们每天努力去争取的一切。而日复一日的努力使得这一奋斗变得更容易了。我们播种了，就会得到收获。

培塞斯说："我认为只有丰富的想象力和创造力，才能使尘世的生活变得有趣，没有它，生活便成了一架空骨骼。但是，一个人的天赋越高，他所承担的责任也越重。"他曾对一位年轻人说："怀着希望和信心朝前走吧，这是一位饱尝生活艰辛的老人给你的忠告。不管发生什么事，我们永远要站得正，行得直，我们必须愉快地投入到多姿多彩、不断变化的生活中去……对人生的这种领悟是达到更高生活目标的途径，而绝不会阻止我们愉快地使用它。而且我们必须这么做，否则我们就没有足够的精力彻底地投入到行动中去。"

青少年时期是成长和运动的时期，它是整个人生的春天，年轻人投身社会，并尝试各种生活。在生活中，他被自己的父母疼爱，从他们那里接受高尚的品德和价值观念，他必须维护父母的荣誉，不做任何让他们蒙羞的事情。他应该对那些勤劳与善行的表率者们并对传予他们纯正品格的诚实的人们深怀感激。"证明你自己无愧于你的父母"是古希腊七贤人之一佩雷安德尔的一句名言，他们勤劳的美德已成为死去者的形象。一个家族的形象就像一个人的形象一样，要依靠坚强的毅力才使荣誉得以生辉。但是，如果年轻人的心智不经过培养，就不会出现希望的花朵，那么，我们即便不是绝望，也将会沮丧地预见他以后的人格。

所以，责任首先是在家庭中学到的。孩子们赤身裸体地来到这个世界，他的健康、个性、道德、身体都要依靠其他人来培养。最后，孩子们吸收了各种理念，通过正确思想的指引，学会了服从师长、自我控制、善待他人，并充满责任感和幸福感。他逐渐形成了自己的意愿，而且无论其意愿是好还是坏，很大程度上都直接源于其父母的影响力。

当他们完全脱离了家庭，开始独立地生活时，这种影响力就将伴随他们的人生旅程。但这并不意味着他们可以不为任何人负责。相反，这时的他们开始对自己的独立生活负责，而且，还开始具备了更高层次的责任感，并在心里形成了一种高度负责的精神，开始默默地履行自己的职责。

他们只是悄然无声地去做，不让任何人发现，以一种奉献和高尚的精神来做自己的工作，不遵从那些明哲保身的常理，不为自己大肆宣传。他们遵奉许多信念和神圣准则；仔细审视人类生活的每一个方面和人类的每一种行为，考虑对人类的永恒责任。

在所有责任中，许多都是私下履行的。因为公众生活是为人所知的，但是私生活却没有人能看得见——如精神和灵魂方面的内心生活。它们可能是有价的，也可能是无价的。没有人能毁灭精神，它只能自我泯灭。但是，只要有心让自己和他人过得更好一点、更美一点、更高尚一点，就能使自己做到最好。

要对自己负责

也许你可能会说，虽然你自己也希望能以乐观的心态开始每一天，但由于大多数时间你都生活在一种个性被约束、发展受到阻碍的不良环境中，生活在一种足以挫伤人的热诚、消磨人的志气、分散人的精力、浪费人的时间的氛围中，所以你没有勇气去斩断束缚自己的绳索，更没有毅力去抛弃一切可以凭借的东西，而仅仅依赖自己的努力去向更高远的目标攀登。你往往会不由自主地步入一种独来独往、散漫无聊的环境中，而你的志向最终会因没有活动的空间而在失望之中归于毁灭。

假使你要想成就事业上的伟大，要想求得自我的充分发展，你就必须首先不惜任何代价，取得精神上的自由。

将你生命中最高、最好的东西发挥出来，对自己负责。当然，要做到这些你必须得经历大量的痛苦、承受常人难以想象的磨难，要向各种

第八章 责任成就大业——责任观

阻碍和困苦做不懈的斗争。要知道：如果没有经过磨琢，钻石所内含的光芒和华美是绝不可能显现出来的，而磨琢就是将钻石从黑暗中释放出来所必需的过程。

许多人都被愚昧所囚禁，他们永远得不到自由，他们的精神永远被封锁着，从不对外开放。他们没有将自己从愚昧中释放出来的勇气，于是，原本可以达到优越地位的他们，就只能终身屈居下层了。还有许多人更是为偏见与迷信的桎梏所束缚，于是他们的生命越来越狭隘渺小。这类人最为可怜，他们已麻木到了不知自己不自由，反而硬要说别人不自由的程度。

那些在世界上曾经成就过伟大事业的人，他们伟大的动力、宽广的胸怀、丰富的经验，究竟是从哪里来的呢？成功者会告诉你，那是奋斗的结果；他们还会告诉你，他们正是在挣脱不自由、改变不良环境以及实现理想的种种努力中，使自己得到了最好的心智训练，接受了最严格的品格修养。

有愿望而不能得到满足、有志向却被窒息，这是人的一种悲哀。它会削弱人的能力、消灭人的希望、破灭人的理想，它会使人们的生命成为一个空壳，一张无法兑现的支票。

在今天，有许多人本来可以指挥别人的，现在却处处受制于人，就因为他们被债务、不良的交际及种种不良的习惯所束缚，以致使自己失去了表现他们能力的机会。

不管待遇怎样优裕、报酬怎样丰厚、地位怎样高不可攀，你千万不可以去从事一种妨碍你自由、光明磊落地做事的事业，你不应当让任何顾虑钳制你的行动！你应当将自由、独立作为你神圣不可侵犯的权利，对自我负责，只有这样，你才不会辜负自己一生的潜力和才华。

所以，退一步而言，即使我们不为其他人和物负责也应该为自己负责。当然，一个人一旦懂得了对自己负责的真正含义也就不会再对其他的一切视而不见了。对自己负责是对他人、对社会负责的前提，我们必须把自己的一切处理好，才可能处理好其他的事情。

要尊重自己的工作

无论你正从事一项什么样的工作，都不要忽视它，即使你在极其平凡的职业中、在极其低微的岗位上，只要把自己的工作做得比别人更完美、更迅速、更正确、更专注，调动自己全部的智慧，从"旧事"中找出新方法来，就能显示出你的价值。

不要看不起自己的工作。从另一个方面讲，这种想法是对自己的一种污辱和不负责任，如果你不仅仅把工作当成一份获得薪水的职业，而是把工作当成是用一生去做的事，你就可能获得自己所期望的成功。如果你认为自己的劳动是卑贱的，那你就犯了一个巨大的错误。

小王是一家机械厂的修理工，从进厂的第一天起，他就开始喋喋不休地抱怨，什么"修理这种活太脏了，瞧瞧我身上弄的。"什么"真累呀，我讨厌死这份工作了。""凭我的本事，做修理这活太丢人了！"

每天，小王都在抱怨和不满的情绪中度过。他认为自己在受煎熬，在像奴隶一样卖苦力。因此，小王每时每刻都窥视着师傅的眼神、举动，稍有空隙，他便偷懒耍滑，应付手中的工作。

几年过去了，当时与小王一同进厂的三个工友，各自凭着自己的手艺，或另谋高就，或被老板送进大学进修了，可小王仍在做他的修理工。

无论你正在从事什么样的工作，都应该尊重自己的工作。如果你像小王那样，认为自己的劳动是卑贱的，鄙视、厌恶自己的工作，对它投

第八章
责任成就大业——责任观

注"冷淡"的目光,那么,即使你正在从事最不平凡的工作,也不会有所成就。

一些刚走出校园的年轻人只是迫于生活的压力而劳动,轻视自己所从事的工作,无法投入全部身心,于是在工作中敷衍塞责、得过且过,很难想象他们能取得什么成就。

所有正当合法的工作都是值得尊敬的。只要你诚实地劳动和创造,没有人能够贬低你的价值,关键在于你如何看待自己的工作。而且这种看待在无意识之中反射出你内心深处的那个真实的自己。那些只知道要求高薪、却不知道自己应担责任的人,无论对自己还是对企业,都没有任何价值。

也许某些行业中的某些工作看起来并不高雅,工作环境也很差,难以得到社会的承认,但是请不要忽视这样一个事实:价值才是伟大的真正尺度。在许多年轻人看来,公务员、银行职员或者大公司白领才称得上是高雅的人,一些人甚至愿意等待漫长的时间,去谋求一个公务员的职位。但是,利用同样的时间他完全可以通过自森的努力,在现实的工作中找到自己的位置,发现自己的价值。

工作本身没有贵贱之分,但是对于工作的态度却有高低之别。看一个人是否能做好事情,只要看他对待工作的态度就能知道。而一个人的工作态度,又与他本人的性情、才能有着密切的关系。一个人所做的工作,是他人生态度的表现,一生的职业,就是他志向的体现、理想的所在。所以,了解一个人的工作态度,在某种程度上就是了解了那个人。

如果一个人轻视自己的工作,将它当成低贱的事情,那么他绝不会尊敬自己。因为轻视自己的工作,所以倍感工作艰辛、烦闷,自然工作也不会做好。当今社会,有许多人不尊重自己的工作,不把工作看成创造一番事业的必由之路和发展人格的工具,而视为衣食住行的供给者,认为工作是生活的代价，是无可奈何、不可避免的劳碌，这是多么可悲的人生态度！

那些轻视自己工作的人，往往是一些被动适应生活的人，他们不愿意奋力崛起，努力改善自己的生存环境；他们不喜欢商业和服务业，不喜欢体力劳动，自认为应该活得更加轻松，应该有一个更好的职位，这样工作时间更自由；他们总是固执地认为自己在某些方面更有优势，会有更广泛的前途，但事实上并非如此。

不要轻视自己所做的每一项工作，即便是普通的工作，每一件事都值得你去做，值得你全力以赴、尽职尽责、认真地完成。小任务顺利完成，有利于你对大任务的成功把握。一步一个脚印地向上攀登，才不会轻易跌落。

机遇垂青心态积极负责的人

一些年轻人抱怨自己没有好的机遇，其实这是由于他们缺乏积极健康的心态、端正的人格，因而一次次错过了机遇。

美国成功学大师拿破仑·希尔讲过两个年轻人的不同故事。

第一个年轻人在一家商店工作已经4年。希尔同他在柜台边交谈，他说，这家商店没有器重他，他正准备跳槽。在谈话中，有个顾客走到他面前，要求看看帽子，但这年轻人却置之不理，继续谈话。直到说完了，才对那位显然已不高兴的顾客说："这儿不是帽子专柜。"顾客问帽子专柜在哪儿，年轻人懒洋洋地回答："你去问那边的管理员好了，他会告诉你。"希尔感叹说，4年来，这个年轻人一直处于很好的机会中，但他却不知道。他本可以使每一个顾客成为回头客，从而展现出他的才能，但他却冷冷淡淡，把好机会一个又一个地

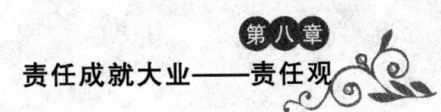

第八章 责任成就大业——责任观

损失掉了。

另一个年轻人也是一名商店店员。这天下午，外面下着雨，一位老妇人走进店里，漫无目的地闲逛，显然不打算买东西。大多数售货员都没有搭理这位老妇人，而那位年轻的店员则主动向她打招呼，很有礼貌地问她是否需要服务。老妇人说，她只是进来避避雨，并不打算买东西。这位年轻人安慰她说，没关系，即使如此，她也是受欢迎的。他还主动和她聊天，以显示他确实欢迎她。当她离开时，年轻人还送她出门，替她把伞撑开。这位老太太向这位年轻人要了一张名片，就走了。

后来，这个年轻人完全忘了这件事。但有一天，他突然被公司老板叫到办公室，老板向他出示了一封信，是那位避雨的老太太写的。老太太要求这家百货公司派一名销售员前往苏格兰，代表该公司接下一宗大生意。老太太特别指定这位年轻人接受这项工作。原来这位老太太就是美国钢铁大王卡耐基的母亲。这位年轻人由于他的热情、积极和平和的心态获得了一个极佳的晋升机会。

当然，这个年轻人之所以能获得这个晋升机会，有一点偶然的因素，但有一句话一直都在提醒着每个人——机遇永远留给有准备的人。那些办事三心二意、干活投机耍滑的人，永远都不可能把机遇牢牢地握在掌心。就如第一个店员，他每天都牢骚满腹，甚至对顾客恶脸相向，即使他碰上的是类似于卡耐基母亲式的人物也不可能平步青云，弄不好反而会丢了工作。

一个公司的总裁因自己年事已高，想要找一个合适的人选接替自己的位置，却一直都没有适合的人出现。一天，他开车回老家碰上了一个年轻的小伙子正喜气洋洋地庆贺自己的新房落成。满院子挤满了前去庆贺的老乡，大家举杯交盏，一派热闹景象。这位总裁也前去凑热闹，正当大家都开怀畅饮时，只听轰隆隆一声巨响，新盖的房子塌了下来。所幸的是并没有人受伤。这时年轻人的父母号啕大哭，众乡亲也为这年轻人叹息，没想到年轻人举起酒杯对大家说："没关系，这房子塌了，说明我将来一定会住上比这更好的房子。如果不塌，说不定我一辈子都得住在这房子里，不想努力了呢！来，为我今后更好的生活干杯！"乡亲们听他这么一说也都不再叹息了，大家继续畅饮一直闹到了晚上。总裁回到家说起这事，才从家人的口中得知：这位年轻人高考失败后，出门打工，并用自己挣来的钱养活父母，给自己盖房子。其中，他吃了不少苦，但从来没听说他消极过。于是，这位总裁回公司之后，马上就给这个年轻人写了一封信，请他到公司任职，并不断地培养他。总裁退休时极力推荐这位青年，却遭到了董事会的一致反对。因为，董事会成员认为这位年轻人学历和阅历都不够，不足以胜任总裁之职。但这位总裁说："一个人的学历和阅历可以慢慢学，慢慢增长。但一个人的乐观心态是不可能在短时间内树立起来的，我选择他正是因为我知道，他不管在什么情况下都不会对自己失去信心，更不会对公司失去信心。"最终，他赢得了董事会成员的认可，并在以后的日子里引领公司在纷繁复杂的商业大潮中树立起了自己的品牌。

一个人能够笑对灾难，就更能够轻易获得机遇之神的垂爱。因为谁都喜欢微笑着的面孔，包括机遇。

让自己敢作敢为

做事要有自己的主见，要有一种豁出去的心态，这样你就会敢作敢为，自然也就不会再犹豫了。

王安小时候曾遇到这样一件事：一天，他在外面玩耍时，发现了一个鸟巢被风从树上吹落在地，从里面滚出了一只嗷嗷待哺的小麻雀，他

第八章 责任成就大业——责任观

决定把它带回家喂养。当他托着鸟巢走到家门口的时候，忽然想起妈妈不允许他在家里养小动物。于是，他轻轻地把小麻雀放在门口，急忙走进屋去请求妈妈。在他的哀求下，妈妈终于破例答应了。他兴奋地跑到门口，看见一只黑猫正在意犹未尽地舔着嘴巴，小麻雀却不见了。他为此伤心了很久。

王安从这件事中得到的教训就是：不要瞻前顾后、优柔寡断，只要是自己认定的事情，就要排除万难、迅速行动。

有一位作家说过："世界上最可怜又最可恨的人，莫过于那些总是瞻前顾后、不知取舍的人，莫过于那些不敢承担风险、彷徨犹豫的人，莫过于那些无法忍受压力、优柔寡断的人，莫过于那些容易受他人影响、没有自己主见的人，莫过于那些拈轻怕重、不思进取的人，莫过于那些从未感受到自身伟大内在力量的人，他们总是背信弃义、左右摇摆，最终自己毁坏了自己的名声，最终一事无成。"

有一天，有一个在恋爱中的年轻人很想到他的恋人家中去，找他的恋人出来。但是，他又犹豫不决，不知道他究竟应不应该去，恐怕去了之后，或者显得太冒昧，或者他的恋人太忙，拒绝他的邀请。于是他左右为难了老半天，最后，他勉强下了决心去了。

但是，当车一进他恋人住的巷子时，他就开始后悔了：既怕这次来了不受欢迎，又怕被恋人拒绝，他甚至希望司机把他现在就拉回去。

车子终于停在他恋人的门前了，他虽然后悔来，但既来了，只得伸手去按门铃。他希望来开门的人告诉他说："小姐不在家。"他按了第一下门铃，等了3分钟，没有人答应。他勉强自己再按第二下，又等了2分钟，仍然没有人答应。于是他如释重负地想："全家都出去了"。

于是，他带着一半轻松和一半失望回去，心里想：这样也好。但事实上，他很难过，因为这一个下午没法安排了。

你能猜到他的恋人现在在哪里吗？他的恋人就在家里，她从早晨就盼望这位先生会突然来找他，带她出去消磨一个下午。她不知道他曾经来过，因为她门上的电铃坏了。那位先生如果不是那么瞻前顾后，如果他像别人有事来访一样，按电铃没人应声，就用手拍门试试看的话，他们就会有一个快乐的下午了。但是他并没有下定决心，所以他只好徒劳往返，让他的恋人也暗中失望。

瞻前顾后的做法使人丧失许多机遇。很多时候，很多事情，如果我们能横下一条心去做，事情的结果就会大不相同。

有个人听说某公司招考一个职员，这公司的待遇优厚，远景也好，他很想去试试，但是他怕自己能力不够，又怕万一考不取丢脸。于是他犹豫着，没有下决心。直到最后，他发现另外一个比他条件差得远的人居然考取了，他才后悔自己为什么不去试一试。

许多事是应该用勇气和决心去争取的。有一位先生，他是某公司经理，他有一种不允许别人有机会扰乱他意志的长处。往往在别人还在他旁边啰啰嗦嗦地叙述事情的困难的时候，他已经把他的办法拿出来了，干净利落，绝不拖泥带水。

他那种明快果决的本领，十分令人折服。而我们一般人，却常常做不到这样。当我们遇到问题的时候，时常并不是对这个问题的本身不能理解，而是往往被枝节的问题所困扰，因为我们太容易被周围人们的闲言碎语所动摇，太容易瞻前顾后、患得患失，以至于给外来的力量一种可以左右我们的机会。谁都可以在我们摇晃不定的天平上放下一颗砝码，随时都有人可以使我们变卦，结果弄得别人都是对的，自己却没有主见。这正是我们成功途中的一个大障碍。

要想扫除这种障碍，首先要训练自己对真理的判断能力。但最重要的还是要训练自己在判断之后，坚定、勇敢、自信地去把这个判断付诸实行。

对一个坚决朝向他目标走着的人，别人一定会为他让路。而对一

个踌躇不前、走走停停的人，别人一定抢到他前面去，绝不会让路给他。

那么，如何克服这种阻碍我们成功的习惯呢？经验证明以下方法卓有成效，不妨可以去试：做事时，要有"今天是我们生命中的最后一天"的"荒诞"意识。"假如今天是我生命中的最后一天"，这是美国畅销书《世界上最伟大的推销员》的作者奥格·曼狄诺警示人生的一句话。真的，无论是谁，无论是想干一件什么事，如果优柔寡断的话，就会一事无成。而这种意识，恰恰是一把利刃，可立即斩断你的忧思愁缕，也像一口警钟，督促你当机立断、刻不容缓。

同时你还要甩下包袱不顾一切，要有一种豁出去的心态。"大不了就是做错了"，"大不了就是被人笑话一顿"，而这些又能对你怎么样呢？一旦你有了这样一种意识，肯定就会敢作敢当，优柔寡断的现象肯定会在你身上消失得无影无踪。

要孝敬父母

慈母手中线，
游子身上衣。
临行密密缝，
意恐迟迟归。
谁言寸草心，
报得三春晖。

这是孟郊的《游子吟》。在这首五言诗里，寥寥几字就写尽世间的那份最真挚的感情——母子情。父母在我们成长的过程中，付出的远非是缝缝补补的这些简单的琐事，更重要的还有他们在我们身上倾注的毕生的心血。在他们眼里，我们永远都是需要保护的孩子，我们的每一次"试飞"都不曾离开过他们的视线。我们的每一次受伤对于他们而言都是一场劫难。只是那种痛在母亲那里是眼泪，在父亲那里是心伤。而这两种不同的表现形式深藏的却是同一种意义——爱。

父母给予我们的这些看得见的、看不见的爱，让我们从小长到大，由稚嫩变得成熟。我们唯一能为他们做的就是在他们的有生之年，尽自己最大的努力孝敬他们，回报他们。尽管我们所做的远不如他们给我们的多，但为人子女，尽孝道永远是第一要义。古今中外孝敬父母的例子很多：

闵子骞是周朝时期的人。他幼时丧母，父亲娶了一个继室。闵子骞素来讲孝，对待继母像生母一样孝顺。后来继母接连生了两个儿子，对闵子骞开始憎恶起来。总是在丈夫面前说子骞的坏话，挑拨父亲与子骞的关系。

冬天到了，天气十分寒冷。后娘为两个亲生儿子做了棉衣，里面絮的是十分暖和的棉花；而给子骞做的衣服，里面絮的是一点儿也不暖和的芦花，根本不能御寒。所以，子骞穿上后，还是觉得很冷，好像没有穿衣一样。而这位后母反而向丈夫说："子骞不是冷，他穿的棉衣也是厚厚的。是太娇养了，故意称冷。"

一天，父亲要外出，子骞为父亲驾驶马车，一阵阵凛冽的寒风吹来，子骞冷得战栗不已，手冻得拿不稳马的缰绳，将缰绳掉到了地上，车子差点儿掉下悬崖。父亲大怒，扬起马鞭，猛打子骞。子骞的棉衣被打破了，里面的芦花飞了出来，父亲这才明白了一切。回到家后责骂后妻，还要将那个狠毒的女人赶出家门，后妻像木头人一样，呆呆地站立着，羞愧得无话可说。子骞跪在父亲面前，哭着劝父亲说："母在一子寒，母去三子单，请不要赶走母亲。"

这句话的意思是说："后母在，仅我一个人是前娘的儿子，也只是我一人穿芦花的棉衣，因此，也仅仅是我一人寒冷。而你将后母赶走了，你再娶一位后母，那么，便有三个前娘生的儿子了。这样就有三个人要忍受寒冷了。"

子骞说的"母在一子寒，母去三子单"的话语广泛流传于中国的民间。听到的人，人人为之感动，都说闵子骞是个孝子。他的那位后母当时也被子骞的这两句话所感动，知错悔改。从此，把子骞当做亲生儿子一样看待。

像闵子骞这样孝敬父母的实属难能可贵，而中华人民共和国的开国元帅陈毅同样也是一位孝子。

在陈毅当外交部长的时候，有一次他出国回来，带着大批官员和夫人张茜路经家乡，就顺道去看望他的母亲。他在印度尼西亚访问期间，苏加诺总统称他是"我们尊敬的元帅外交部长"，受到外国元首极大的尊敬。可是，他到了母亲的床前，则像小孩子一般，偎依在母亲的身边。但母亲没有想到儿子突然来了，看见自己床上好脏，连忙喊道："你快坐在那椅子上，不能将你的衣服弄脏了。"

母亲正要求儿子从她的脏床上起来，坐到那较为干净的椅子上去，张茜又一屁股坐在婆婆的床沿上，也偎依在婆婆的身边。陈毅向母亲说："妈妈，我是你的儿子，张茜是你的儿媳妇，你睡觉的床，我们能嫌脏吗？我小的时候，就是跟着你一起睡的嘛！"

更使老太太紧张不安的是：那昨夜换下来的脏衣服从床底下露出了半截，她连忙用手往床底下塞去。陈毅忙将妈妈的手按住，把妈妈的脏衣服拿在手中一看，连忙去找一个盆倒些水，为妈妈洗起衣服来。老太太急了，忙拉住儿子说："儿子，这样的脏衣服，哪能要你洗呢？"陈毅问妈妈说："妈妈，你的脏衣服，我为什么洗不得？"并叫着张茜说："来，跟我一起洗妈妈的脏衣服。"

从这些伟大人物的身上，我们可以看到许多优点，但对父母的孝敬是我们最应该看到的,也是最应该做到的。一个不孝敬父母的人是人中的渣滓,不论他官高几品,位有几重,做不到孝敬父母就不可能是一个真正意义上的好人。而且这种人在危难的时候最容易弃他人于不顾,甚至在朋友危难的时候还会落井下石。他们的子女在他们的影响下也会形成一种低级的人格品性,所以也不会孝敬他们。因此,他们的人生末路必将以悲剧结束。我们每个人都要孝敬父母,在父母有生之年,尽我们最大的努力尽孝心。

第九章

陈旧的观念是没有方向的舵盘——新旧观

市场发展到一定程度,资本越来越集中,竞争也必然越来越残酷,要想时刻站在时代的前沿,就必须有创新意识。福特公司创始人亨利·福特说:"不创新,就灭亡。"创新是企业生存的根本,是发展的动力,是成功的保障。

只有更新观念才能发展

任何事物的向前发展都源于那些观念超前而勇气可嘉的人的推动。如果所有人都像某些人那样谨小慎微，因循守旧，死抱着老传统、老观念不放，那这个社会就永远都无法进步，甚至还会有灭顶之灾。更新的观念可以带来更新的机遇和挑战，也会促使社会更快地发展。因此，在谨慎中更新我们的观念，有意识地摸着石头过河是非常必要的。

更新观念，努力在客观条件可能造成制约之前，提前做出反应，我们才能立于不败之地，而目光短浅、畏首畏尾极有可能导致失利。因为被动就会挨打。为防止挨打，主动出击是最好的防守策略。

某音乐学院的一个高材生，被分配到国营企业的工会做宣传工作。刚一开始，他很苦恼，认为自己的专业才能与工作不对口，在这里长期干下去，不但自己的前途会耽误，而且日久生疏，自己的专业也可能被荒废。于是他四处活动，想调到一个适合自己发展的环境中去。可是，折腾了很久，终未成功。之后，他便死心塌地地安守在这个工作岗位上，他发誓要改变"英雄无用武之地"的状况。他找到工会主席，提出了自己要为企业筹建乐队的计划。正好这个企业刚从低谷走出来，扭亏为盈向高潮发展，也想大张旗鼓地宣传企业形象，提高产品的知名度，就欣然同意了他的计划。这回他来了精神，跑基层、寻人才、买器具、设舞台、办培训，不出半年，就使乐团初具规模。一年以后，这个企业乐团的演奏水平，已成了全市一流，而且堪与专业乐团相媲美，而他自己也成了全市最著名的乐队经理。通过努力，他化劣势为优势，不但开辟出了自己施展才能的用武之地，而且培养了自己的领导管理才能，为他以后寻求更大发展奠定了坚实的基础。

第九章
陈旧的观念是没有方向的舵盘——新旧观

所以，有时我们是无力改变客观条件的，可以改变的唯有我们自己。那么，我们是坐以待毙，还是改变自己？观念对我们的影响有时比客观条件更大，从观念入手解决问题就可以让自己彻底改变。如果不能尽早更新自己的观念，等你被动接受他人的观念时，你已经成了追随者，永远都分不到一杯新鲜的羹。

唯一不变的是变化

这个世界上唯一不变的就是变化。变则通，通则达。特别在竞争激烈的今天，要时刻站在时代的前沿。

创新者通常具有非同寻常的视角，他们会质疑成功背后的假设，挑战旧传统，可能会发现突变的趋势，擅长重组企业的能力与资产用作他途，或善于识别消费者还未表达出来的需求，从而带来增长的机会。创新不是来自天生杰出的个人，而是来自从新奇的视角观察世界，用特殊的视角能够发现未曾看到的东西。

1941年的一天，美国洛杉矶的一间摄影棚内，一伙人正在拍摄一部电影。刚开拍不一会儿，年轻的导演就叫停。他一边做着暂停动作，一边对摄影师大喊：

"我要的是一个大仰角。'大仰角'，你明白吗？"

这个镜头已经拍摄了十几次了，大伙儿都累得不行了。就在这时，扛着摄影机正趴在地板上的摄影师终于不耐烦了，他站起来大吼道——

"我趴得已经够低了，难道你还不明白吗?!再低的话，难道你还要我钻到地板里去吗？"

年轻的导演听了摄影师的话，沉默了一会儿。突然，他转身走到道具房，操来一把斧子，向摄影师快步走了过来。

周围的人不由得惊呼了起来。只见导演走上前来，什么也没说，便半跪在地上抡起斧子，向摄影师刚才趴过的木制地板猛地砍砸下去……过了不久，他在地板上砸出一个直径约半米的窟窿。这时，他指着地上对摄影师说："你趴在这里拍，这才是我想要的最佳角度。"

摄影师按导演的吩咐趴在地板洞中，无限压低镜头，结果拍出了一个前所未有的大仰角。

他们拍的这部电影名叫《公民凯恩》，年轻的导演名叫奥逊·威尔斯。这部电影因大仰拍、大景深、阴影逆光等摄影创新技术及新颖的叙事方式，被誉为美国有史以来最伟大的电影之一，至今，它仍是美国电影学院必备的教学片。

事实上，一个企业要提升自己的竞争力，除了员工素质、企业服务及产品、规模拓展及市场占有率外，"创新"也是提升企业竞争力和核心要求之一。

因此，雇主先要在企业机构内推广创新文化，员工上下一心达成共识，为"创新"做好个人条件准备，配合企业未来的发展。

企业竞争力，可以从员工及企业的创意入手，就算有了创新的企业文化，还要有其他的配合，才可真正提升员工的创新力。

有科学家曾做过一个实验：将4只猴子关在一个密闭的房间里，每天喂很少食物，让猴子饿得吱吱叫。数天后，实验者从房间上面的小洞放下一串香蕉时，一只饿得头昏眼花的大猴子一个箭步冲向前，可是当它还没拿到香蕉时，就被预设机关所泼出的热水烫得全身是伤，当后面3只猴子依次爬上去拿香蕉时，一样被热水烫伤。于是猴子们只好望"蕉"兴叹。

又过了几天，实验者换进一只新猴子进入房内，当新猴子肚子饿得也想尝试爬上去吃香蕉时，立刻被其他3只猴子制止，并告知有危险，千万不可尝试。实验者再换一只猴子进入，当这只猴子想吃香蕉时，有

第九章
陈旧的观念是没有方向的舵盘——新旧观

趣的事情发生了，这次不但剩下的两只老猴制止它，连没被烫过的那只在它前面换进的新猴子也极力阻止它。

实验继续，当所有的猴子都已换过之后，仍没有一只猴子敢去碰香蕉。上头的热水机关虽然取消了，而热水浇注的"组织惯性"束缚着进入笼子的每一只猴子，使它们对唾手可得的盘中美餐香蕉奉若神明，谁也不敢前去享用。

这是群体惯性形成的过程。在变化莫测的市场环境中，企业要想赢得竞争优势，就必须学会随着时代的发展变化而迅速调整，否则只能像故事中的猴子那样，在昨天的教训上平白地失掉明天的机会。

然而，一些把成功归因于富有竞争力的经营管理模式的企业，面对一切以变化为主题的现实，仍高高在上，丝毫不怀疑让自己成功的经营管理模式的价值和适用性，不思更新，固执地运行在"成功经验"的轨道上。结果，由于一成不变，企业昔日的辉煌渐渐蜕变为组织惯性，成为企业生存道路上的羁绊。

创新思维的生理机能

目前，科学家们研究认为，人脑是由万亿个脑细胞构成的，平均重量在1300克左右，虽然只占我们体重的2.3%，但却要消耗身体20%的能量。在万亿个脑细胞中，可能有1000亿个是活跃的神经元细胞，目前我们只用其10%，每个神经元细胞可长出多达2万多个树枝状的树突以存储信息并接收从其他细胞输入的信息，每个神经元细胞沿着叫轴突的主要通道通过电脉冲将信息传输到其他神经元细胞和身体的其他部位，而轴突外层包裹着起绝缘作用的髓磷脂鞘，绝缘性能越好，传输速率越快，速度可高达352千米/小时。

当信息到达另一个神经元的连接点时，每个电脉冲会引起化学反应——启动神经传递反应跨越突触传输信息。而所有的轴突又被多达9000亿个将大脑各部分"粘合"起来的神经胶质细胞所包围。所有的这些部分连接起来，就组成了迄今为止这个世界上已知的、最独一无二天然的电脑。而我们每个人都拥有一台这样强大的电脑。

概括地说，我们每个人的大脑大体由"两个部分、三位一体、6个通道和7个智力"所构成。

"两个部分"——是指大脑可分左右两个部分，中间通过有多达3亿个细胞组成的胼胝体相联。左脑的主要功能是理性、分析和逻辑思维；右脑的主要功能是形象、非逻辑和创新思维。

"三位一体"——是指大脑由3个部分组成。小脑也称爬行动物脑，它控制着大脑的本能，如我们的呼吸、心跳、平衡、运动等诸多本能；小脑上面的第二层脑为边缘系统，也称古哺乳动物脑，它控制着吃奶、情感、记忆等等；最上面一层是大脑皮层，也称新哺乳动物脑，由于人类的大脑皮层特别发达——有2毫米厚，成熟的皮层有6层，是黑猩猩的4倍，别于其他高等动物，从而使人成为独一无二的种类。它负责我们的观察、交谈、思考、分析、推理、创新等。

"6个通道"——我们的学习是通过视觉、听觉、嗅觉、味觉、触觉和所做这6个基本通道与外界进行双向交流。

"7个智力"——我们每个人至少有7种不同类型的智力中心。一是语言智力，即读、写与词语交流的能力。这一能力在作家、诗人身上得到高度发展；二是逻辑智力，即我们的计算与推理能力，这在科学家、数学家、律师和法官身上得到极大发展；三是音乐智力，在作曲家、指挥家和一流的音乐家身上有明显的发展；四是空间智力，则表现在建筑师、雕塑家、画家、航海家和飞行员身上；五是运动智力，在运动员、舞蹈家、体操运动员等身上有很好的体现；六是人际智力，即与

第九章
陈旧的观念是没有方向的舵盘——新旧观

他人相处的能力，则是营销员、鼓动家、外交家应有的能力；七是内省智力，即洞察能力和了解自己的能力。

有一种鱼叫做狗鱼。狗鱼很富有攻击性，喜欢攻击一些小鱼。科学家们做了这样一个实验：把狗鱼和小鱼放在同一个玻璃缸里，在两者中间隔上一层透明玻璃。狗鱼一开始就试图攻击小鱼，但是每次都撞在玻璃上。慢慢地，它放弃了攻击。后来，实验人员拿走了中间的玻璃，这时狗鱼仍没有攻击小鱼的行为——这个现象被叫做狗鱼综合症。狗鱼综合症状的特点是：对差别视而不见、自以为无所不知、滥用经验、墨守成规、拒绝考虑其他的可能性、缺乏在压力下采取行动的能力。

这个故事告诉我们，思维定势一旦形成，有时是很悲哀的。这也是我们要不断地学习新知识、新观念的原因之一：形势在不断变化，必须关注这些变化并调整行为。一成不变的观念将带来毫无生机的局面。

阿西莫夫是美籍俄国人、世界著名的科普作家。他曾经讲过这样一个关于自己的故事。

阿西莫夫从小就很聪明，年轻时多次参加"智商测试"，得分总在160左右，属于"天赋极高"之人。有一次，他遇到了一位汽车修理工，是他的老熟人。

修理工对阿西莫夫说："嗨，博士，我来考考你的智力，出一道思考题，看你能不能正确回答。"阿西莫夫点头同意。修理工便开始出题："有一位聋哑人，想买几枚钉子，就来到五金商店，对售货员做了这样一个手势：左手食指立在柜台上，右手握拳作出敲击的样子。售货员见状，先给他拿来一把锤子，聋哑人摇摇头。于是售货员明白了，他想买的是钉子。"

"聋哑人买好了钉子，刚走出商店，接着进来一位盲人。这位盲人想要一把剪刀，请问，盲人将会怎么做？"

阿西莫夫顺口答道："盲人肯定会这样——"他伸出食指和中指，

作出剪刀的形状。

听了阿西莫夫的回答,汽车修理工开心地笑起来:"哈哈,答错了吧!盲人想买剪刀,只需要开口说'我买剪刀'就行了,他干嘛要做手势啊?"

阿西莫夫只得承认自己回答得很愚蠢。而那位汽车修理工在考问前就认定他肯定会答错,因为阿西莫夫"所受的教育太多了,不可能很聪明!"

创新要勇于挑战传统

突破性的创新者通常被认为是"唱反调"的人,他们对公司或行业中深信不疑的成功信条提出质疑。一个知名家居的员工会问:"为什么家具必须定制交货并完全组装?为什么不能提供标准化的组件让消费者选择然后自己组装?"一个知名理财机构的员工会问:"为什么证券交易要通过高佣金的经纪人?为什么不能在线进行?"

不要盲从领袖企业,设想一下,你所在的行业有一个强大的领袖企业。为了冲击它的地位,你会采取什么策略?不要尝试肉搏战。在食品行业,全食食品超市、Odwalla公司、VitaWater公司和鲜货快递公司都选择了走与全球大型食品企业相反的道路。它们的战略不是"便捷与价值",而是"营养与可靠"。

下面4种方法可以帮助我们思考"什么是传统",以及如何"挑战传统"。

一、展示信条:识别共同假设(例如"价格是关键变量"或"特定的消费者群体是主要服务市场")以及趋同的产业战略(价值陈述、供应链、产品构造、定价、营销策略等方面)。然后思考,为什么会存

第九章 陈旧的观念是没有方向的舵盘——新旧观

在这些共同性？如果颠覆这些共同假设和战略会发生什么？消费者将得到什么好处？

二、发现不合理之处：很多企业都有"不合理"之处，即便是细小的方面，也会显示出创新的机会。例如，为什么在酒店壁橱里安装警报器以防止衣架失窃，为什么不可以向拿走衣架的消费者收取费用？这样甚至能将壁橱变成一个利润中心。为什么即使半夜入住，仍然必须在第二天中午前退房？为什么不按24小时付费？这种思考能够使你认识不合理的地方并寻求解决方案。

三、走极端：使企业遭到持续性破坏的创新者倾向于走极端。以亚马逊为例，当杰夫·贝索斯开创在线业务时，并没有根据传统书店的存书量确定提供17万～30万种出版物，而是打算提供250万种出版物！这就是走极端。

我们可以在价格、效率或服务速度方面问自己：如果这些指标得到巨大改进将会怎样？想象你能够10倍、50倍甚至100倍地改进这些参数，如果你做到了，将给消费者带来什么利益？

四、寻求双赢：消费者通常只能两者选其一而不能兼得。想想低糖汽水、低热量食品、无咖啡因的咖啡、无酒精啤酒……所有这些产品都不需要消费者做出妥协或权衡。Zara和H&M都以相对不贵的价格销售非常时尚的服装。

除了要挑战传统，利用突发的变化也是一种有效的手段。

"突变"不是一种简单的趋势、发明或技术，而是趋势的融合，是一些明显不相关的技术、人口、生活方式、地缘等发展的聚合，共同造就了产业剧烈变革的潜力。发现能够改变规则的趋势模型，它们通常是重大创新的导火索。

你能发现更大的变故吗？下面是4个看似不相关的趋势，也许在每个发达国家都非常普遍：

工作时间比过去更长。

单亲家庭的数量稳步增加。

晚婚。

花费越来越多的时间来上网。

如果说社会隔离是各种趋势相互作用产生的结果,那么进一步追问:社会隔离将带来什么机会?其中一个答案是——基于互联网的社交网络。Craigslist 网站成为美国非常成功的服务类网站,提供包括本地事件、分类广告、求职招聘、房屋租赁买卖、成人交友及在线约会等各种信息。此外,社会隔离为"网恋"开启了巨大的机遇。从突变的角度看世界,就开启了产业变革的重大机遇。

如何根据公开信息得出独特见解?可以通过以下方式:

一、寻找竞争者不涉足的领域:你无法从商业杂志、市场研究、趋势预测、管理咨询或陈腐的报告中获取对未来趋势的洞察力。唯一的方式是亲自体验。20 世纪 90 年代早期,诺基亚注意到全球青少年文化的出现,公司决定派遣一批工程师到一些时尚青年热点地区亲自观察这种趋势。他们去了加利福尼亚的威尼斯海滩、伦敦的国王大道、东京六本木地区的俱乐部,而后带着新的见解回到芬兰,快速将公司推向行业的尖端。

二、加强弱信号:你需要关注"弱信号",预测它们将走向哪里。玩一个发挥想象的游戏——"扩大",问问自己如果某个趋势变得越来越重要将会发生什么,会造成什么影响,谁将受到这些结果的影响,等等。

三、了解背景:当你发现一种趋势,如何判断它重要还是不重要?你需要看看这种趋势产生的背景,并问自己,这只是一个随机事件吗?或者它将成为时代潮流?换句话说,这种趋势是肤浅、独立的,还是重大而广泛的变化的一部分?

第九章
陈旧的观念是没有方向的舵盘——新旧观

突破性创新者能将特定的技能和资产从现有业务中分离，将企业作为一组能力和资产的组合，而不是作为特定市场产品或服务的提供者。

很多人将迪斯尼的主题公园看做盈利单位，但迪斯尼员工并不这样认为。他们看到，迪斯尼乐园是世界上最大的"三维娱乐"制造商，拥有独特的布景、服装设计、讲故事和表演的技能。将这些核心能力从主题公园中分离出来会怎样？例如，将迪斯尼的核心能力运用于百老汇或伦敦西区，将迪斯尼电影变成舞台剧会如何？基于这样的思路，迪斯尼舞台演出公司成立于1994年，成为重要的盈利来源。

宝洁公司的佳洁士白牙片，就产生于企业内部各种能力和资产的相互作用——从口腔护理部门（齿科产品）到家庭护理部门（基层技术），以及织物与家居护理部门（过氧化氢漂白）。突破性创新者能够将企业的能力和战略资产像搭积木那样联系起来。很多互联网企业就是"重组"的例子。以电子商务网站为例，你会发现网上商家从一家公司购买信贷审批过程，另一家运行其服务器，再一家提供地图服务，还有一家提供搜索网站的软件……来自不同地方的能力经过无缝衔接，向消费者传递特定的价值。这种"即插即用"的模式能够迅速降低新业务的成本。

一些重大机遇可能来自企业与其他企业的能力或资产的捆绑。宝洁与很多外部组织和个人发明者结成联盟，产生了大量的产品创新。例如，干净先生魔术橡皮擦（Mr. Clean Magic Eraser），这款产品是根据德国巴斯夫公司的创新性泡沫产品设计的。这个战略也可以反过来运用，宝洁将其一部分资产特许其他公司使用于开发革新性新产品——飞利浦 intelliclean 电动牙刷就使用了佳洁士专门定制的牙膏。

创新不要被经验的偏见所左右

有这样一则故事：一只驴子背盐渡河，在河边滑了一跤，跌在水里，盐溶化了。驴子站起来时，感到身体轻松了许多。驴子非常高兴，获得了经验。后来有一回，它背了棉花，以为再跌倒后，可以同上次一样，于是走到河边的时候，便故意跌倒在水中。可是棉花吸了水，驴子非但不能再站起来，而且一直向下沉，直到淹死。

无独有偶，还有大家都熟悉的一则古老的寓言：

从前，有个卖草帽的人，每天，他都很努力地卖着帽子。

有一天，他叫卖得十分疲累，刚好路边有一棵大树，他就把帽子放着，坐在树下打起盹来，等他醒来时，发现身旁的帽子都不见了，抬头一看，树上有很多猴子，而每只猴子的头上都有一顶草帽。他十分惊慌，因为，如果帽子不见了，他将无法养家糊口。突然，他想到猴子喜欢模仿人的动作，就试着举起左手，果然猴子也跟着他举左手；他拍拍手，猴子也跟着拍拍手。

他想机会来了，于是他赶紧把头上的帽子拿下来，丢在地上。猴子也学着他，将帽子纷纷扔在地上。

卖帽子的高高兴兴地捡起帽子，回家去了。回家之后，他将这件奇特的事，告诉他的儿子和孙子。

很多很多年后，他的孙子继承了家业。有一天，在他卖草帽的途中，也跟爷爷一样，在大树下睡着了，而帽子也同样地被猴子拿走了。

孙子想到爷爷曾经告诉他的方法。于是，他举起左手，猴子也跟着举起左手；他拍拍手，猴子也跟着拍拍手，果然，爷爷说的话真管用。

最后，他摘下帽子丢在地上。可是，奇怪了，猴子竟然没有跟着他

第九章 陈旧的观念是没有方向的舵盘——新旧观

做，还是直瞪着眼看着他，看个不停。

不久之后，猴王出现了，把孙子丢在地上的帽子捡起来，还很用力地对着孙子的后脑勺打了一巴掌，说："开什么玩笑！你以为只有你有爷爷吗？"

驴子为何死于非命？孙子为何不能像爷爷当年那样拿回被猴子拿走的帽子？每一个人都能够看得出：很重要的一个原因，是他们都机械地套用了经验，受了经验偏见思维的影响，他们未能对经验进行改造和创新。

正是经验使我们昂首否定，又是经验让我们低头认错。人们总是跳不出经验，它甚至让一切最大胆的幻想都打上了个人经验的偏见，就像作家贾平凹所津津乐道地指出某一个农民的最高理想："我当了国王，全村的粪一个不给拾，全是我的。"这似乎就是人们说的"乡村维纳斯效应"。德波诺在《实用思维》一书中饶有兴趣地描述了一种常见的社会现象："在偏静的乡村，村里最漂亮的姑娘会被村民当做世界上最美的人（维纳斯），在看到更漂亮的姑娘之前，村里的人难以想象出还有比她更美的人。"在村里，它是真理，但在全世界，它就是偏见。

创新不要被位置蒙蔽了眼睛

有一则故事，说的是小海浪与大海浪的对话：

小海浪：我常听人说起海，可是海是什么？它在哪里？

大海浪：你周围就是海啊！

小海浪：可是我看不到？

大海浪：海在你里面，也在你外面，你生于海，终归于海，海包围着你，就像你自己的身体。

尼克松总统水门事件被黜后，跌至人生谷底，这时他才得以悟出："最美的风景不是登上峰顶所看到的，而是下到谷底抬头所体会到的"这句话。这与哈维尔在历经磨难后所得出的结论是一样的："为了在白天观察星辰，我们必须下到井底，为了了解真理，我们必须沉降到痛苦的底层。"这就叫"思不出其位"。每个人都生活在一定的社会坐标体系中，各种思想无不打上其鲜明的烙印，连老黑格尔也不忘说："同一句格言，出自青年人之口与出自老年人是不同的，对一个老年人来说，也许是他一辈子辛酸经验的总结。"这正是：少年听雨歌楼上，红烛昏罗帐。壮年听雨客舟中，江阔云低，断雁叫西风。而今听雨僧庐下，鬓已星星也。悲欢离合总无情，一任阶前点滴到天明。站在什么样的年龄位置就会有什么样的感情。这与站在什么样的物理位置，就会得出什么样的认知是一样的。

在一些企业里，老板总抱怨员工出工不出力、磨洋工，员工总抱怨老板发的钱太少、心太黑。这其实就是各自所处的位置不同，才导致双方似乎无法弥合思维差距。

我们所有的人都受到自己所在地域、国家、民族长期积淀的文化的影响，看待问题的角度不可避免地打上文化、宗教、习俗的烙印。

在白纸上画一个黑点，而后问：你看到了什么？

答案至少有一百种：芝麻、苍蝇、图钉、太阳的黑子、污迹……这些都是常规的联想。有的人的思维就更活跃一些，他可能会回答说：我看到了缺点……我看到了遗憾……我看到了损失……

但是，为什么就没有想到其他的？

为什么你的眼睛仅仅盯住那个黑点？而没有看到黑点旁边的那一大片的白纸？而正是这个黑点束缚和禁锢了我们的思维，使我们看不到其余更多的、更好的、更丰富的东西。某些人一件事情没有办好，就垂头丧气地心想："我真没用，我真窝囊，我是天底下最愚蠢的人。"通过

第九章
陈旧的观念是没有方向的舵盘——新旧观

别人不经意的一句话或一件事就给这个人下定义——"他品质有问题。"其实，更重要的是我们要关注广阔的存在，而不是那个黑点。

曾经在某一网站看到这样一个笑话：

如果你的前面是一位发怒的某座城市女孩，后面是万丈深渊，那么，奉劝你还是往后跳吧！

这个笑话不能说没有一点儿道理，这座城市女孩的泼辣，可以说是"盛名远播"，因此，一提到这座城市的女孩，首先浮上脑海的就是"泼辣"二字，丝毫不顾其中是否有被冤枉的"例外"，这就是所谓"刻板印象"。

刻板印象指的是人们对某一类人或事物产生的比较固定、概括而笼统的看法，是我们在认识他人时经常出现的一种相当普遍的现象。我们经常听人说的"某某地方的妹子不可交，面如桃花心似刀"，某某地方的姑娘"宁可饿着，也要靓着"，实际上都是"刻板印象"。

刻板印象的形成，主要是由于我们在人际交往过程中，没有时间和精力去和某个群体中的每一个成员都进行深入的交往，而只能与其中的一部分成员交往，因此，我们只能"由部分推知全部"，由我们所接触到的部分，去推知这个群体的"全体"。刻板印象固然有省事省力的好处，但不少情况下却会出现耽误大事的判断错误。

300多年前英国伦敦的郊区，有一个人叫霍布森。他养了很多马，高马、矮马、花马、斑马、肥马、瘦马都有。他就对来的人说，你们挑我的马吧，可以选大的、小的、肥的，可以租马、可以买马。于是人家非常高兴地去选马了，但是整个马圈旁边只有一个很小的洞，很小的门，你再选大的马是出不来的。后来获得诺贝尔奖的一个人叫西蒙，就把这种现象叫做霍布森选择。就是说，你的思维你的境界只有这么大，没有打开，没有达到高层次，思维封闭，结果就是你别无选择。

天马行空的想象未必风马牛不相及

在英格兰，有人曾做过这样一个有趣的实验。

在一次有许多人参加的午宴上，聘请了一个有名的厨师，这厨师做出的饭菜不说是十里飘香，也可谓有滋有味。但这位厨师别出心裁地对做好的饭菜进行了"颜色加工"。他将牛排制成乳白色，沙拉染成发黑的蓝色，把咖啡泡成混浊的土黄色，芹菜变成了并不高雅的淡红色，牛奶被他弄成血红，而豌豆则染成了粘乎乎的漆黑色。满怀喜悦的人们本来都想大饱口福，但当这些菜肴被端上桌子时，面对这美餐的模样都发起呆来。只见有的迟疑不前，有的怎么也不肯就座，有的咬咬牙勉强吃了几口，就恶心地直想呕吐。而另一桌的人又是怎样的呢？同样是这样一桌颜色奇特的午餐，却遇到了一些被蒙住眼睛的就餐者，这桌菜肴的命运可就大大的不同了，很快就被人们吃了个精光，人们意犹未尽，赞不绝口！

这顿午餐的"魔术师"即厨师通过上述实验证明了：联想具有很强的心理作用。眼见食物的人们，由于食物那异常的颜色而产生了种种奇特的联想：牛排形似肥肉，喝牛奶联想到喝猪血，吃豌豆则联想到吞食腐臭了的鱼子酱……是联想妨碍了他们的食欲。另一桌被蒙住眼睛的客人没有这种异样的联想而仍然食欲大增，是什么原因呢？

联想思维是指由某一事物联想到另一种事物而产生认识的心理过程，即由所感知或所思的事物、概念或现象的刺激而想到其他的与之有关的事物、概念或现象的思维过程。简单地说，联想思维就是通过思路的连接把看似"毫不相干"的事件（或事项）联系起来，从而产生新的成果的思维过程。联想思维是发散思维的重要表现形式。

第九章
陈旧的观念是没有方向的舵盘——新旧观

联想思维最典型的例子就是"牛顿——苹果——万有引力",牛顿从自然界最常见的一个自然现象——苹果落地,联想到引力,又从引力联系到质量、速度、空间距离等因素,进而推导出力学三大定律,这就是联想思维。从洗澡池池水放水时经常出现的漩涡现象能联想到地球磁场磁力线的运行方向,从豆角蔓的盘旋上升能联想到天体的运行方向,从水面上木头浮、铁块沉这个自然现象联想到浮力到造船业,从偶然看到的事物的不连续性联想到量子,从运动、质量、引力能联想到时空弯曲,从意识的作用能联想到宇宙全息,等等,这一切都属于联想思维。

一位心理学家曾和他的朋友乔打赌说:"如果给你一个鸟笼,并挂在你房中,那么你就一定会买一只鸟。"

乔同意打赌。因此心理学家就买了一只非常漂亮的瑞士鸟笼给他,乔把鸟笼挂在起居室桌子边。结果大家可想而知,当人们走进来时就问:"乔,你的鸟什么时候死了?"

乔立刻回答:"我从未养过一只鸟。"

"那么,你要一只鸟笼干嘛?"

乔无法解释。

后来,只要有人来乔的房子,就会问同样的问题。乔的心情因此被弄得很烦躁,为了不再让人询问,乔干脆买了一只鸟装进了空鸟笼里。

心理学家后来说,去买一只鸟比解释为什么他有一只鸟笼要简便得多。人们经常是首先在自己头脑中挂上鸟笼,最后就不得不在鸟笼中装入些什么东西。

原苏联心理学家哥洛万和斯塔林茨经上百次实验证明,任何两个概念词语都可以经过四五个阶段建立起联想关系。例如木头和皮球,是两个风马牛不相及的概念,但可以通过联想做媒介,使它们发生联系:木头——树林——田野——足球场——皮球。又如天空和茶,天空——土地——水——喝——茶。因为每个词语可以同将近 10 个词直接发生联想关系，那么第一步就有 10 次联想的机会（即有 10 个词语可供选择），第二步就有 100 次机会，第三步就有 1000 次机会，第四步就有 10000 次机会，第五步就有 100000 次机会。所以联想有广泛的基础，它为我们的思维运行提供了无限广阔的天地。

苏联卫国战争期间，列宁格勒遭到德军的包围，经常受到敌机的轰炸。在这紧急关头，昆虫学家施万维奇从蝴蝶五彩缤纷的花纹能迷惑人的现象中受到启迪，建议对重要目标进行迷彩伪装。这一招果然有效，大大降低了重要目标的损伤率。

在第二次大战期间，德国的侦察兵发现法军阵地后方的一片坟地上常出现一只有规律活动的家猫。每天早晨八九点钟时，那只猫在坟地上晒太阳，而坟地周围既没有村庄的房舍，也看不到有人活动。这位善于联想的侦察兵从空间位置的接近上，联想到坟地下面可能是个掩蔽部，而且还可能是个高级机关。于是发出通知，德国用 6 个炮兵营集中攻击这片坟地。事后查明，这里的确是法军的一个高级指挥部，掩蔽在里面的人员几乎全部丧生。

第十章

取巧不等于投机——进退观

人生的路不能走一步看一步。如果那样,就该是人生的一种悲哀了。我们爱惜自己,就该为自己设计长远的目标。有目标、有计划地安排自己的人生,并努力达成这个目标。如果是走一步看一步,那我们就失去了做人的主动性和自觉性,这无疑是对自己能力的浪费和自我否定,是一种不健康的人生观念。

明确人生的方向

谁都不愿成为一个庸人，但却有那么多的人成了庸人。世间的无奈真是一言难尽。成了庸人的人经常会羡慕成了伟人的人，甚至会吃不着葡萄就说葡萄酸。其实对葡萄有多么渴望，只有他们自己知道，但他们永远都不会去找吃不到葡萄的原因。如果真要找也只是把原因归咎为客观条件所限，却不会看看自己曾经为能够吃到葡萄付出过多大的努力。人要有一点儿成就，要想"吃到葡萄"就必须找到摘葡萄的方法，有了明确的方向才能进行后续的工作。否则，摘到葡萄的机会很小，摘到葡萄叶子的机会很大。

设定明确的目标，是所有成就的出发点。那些98%的人之所以失败，就在于他们从来都没有设定明确的目标，并且也从来没有踏出他们人生目标的第一步。或者今天换这个目标明天换那个目标，结果处处挖井，处处无水。

你会发现，当你研究那些已获得成功的人物时，他们每一个人都各有一套明确的目标，已制定出达到目标的计划，并且花费最大的心思和付出最大的努力来实现他们的目标。

在电影史上10大卖座的影片中，史匹柏的影片就占了4部，他在36岁时就成为了世界上最成功的制片人。他之所以取得这样的成就，与他确立的人生目标是密不可分的。

史匹柏在12岁时就确立了将来要成为电影导演的目标。在他17岁的时候，有一天下午，当他参观环球制片厂后，他的命运从此改变了。对他来说那不是一次简单的参观活动，在观看了一场实际电影的拍摄之后，他与剪辑部的经理长谈了一个小时。第二天，史匹柏就开始实施他的想法了。他穿了一套西装，提起父亲的公文包，里头塞了一块三明治，再次来到摄影场，装作是那里的工作人员。当天他避开了大门守卫，找到一辆废弃的手拖车，用一块塑胶字母，在车门上拼成"导演"等字。然后他就去认识各位导演、编剧、剪辑，在与别人的交谈中学习，观察并获得越来越多的关于电影制作的灵感。

终于在20岁那年，他成为正式的电影工作者。他在环球制片厂放映了一部他拍得不错的片子，因而签订了一张7年的合同，导演了一部电视连续剧，随后拍摄出了一系列震撼世界影坛的作品，就这样，他当著名电影导演的人生目标终于实现了。

从明确的目标中可以发展出自力更生、个人进取心、想象力、热忱、自律和全力以赴的能量，这些全都是成功的必备条件。

除此之外，明确目标还具有下列的优点：

1. 专业化

明确目标能鼓励你行动专业化，而专业化可使你的行动达到完美的程度。

你对于特定领域的领悟能力，以及在此领域中的执行能力，深深影响并促成你一生的成就。普通教育之所以重要，就在于它可使我们发现自己的基本需要和欲望，然而一旦你确定自己的目标之后，便应立即学习相关的专业知识；而明确目标就好像一块磁铁，它能把达到成功必备的专业知识吸收到你这里来。

2. 预算时间和金钱

当你明确目标之后，就应开始预算你的时间和金钱，并安排每天应付出的努力，以期达到这个目标。由于经过时间预算之后，每一分每一秒都有进步，所以时间预算必然会为你带来效益。同样的，金钱的运用应该有助于明确目标的达成，并确保你能顺利地迈向成功。

3. 对机会要抱有警觉性

明确目标会使你对机会抱有高度的警觉性，并促使你及时抓住这些机会。

如果你能像发现别人的缺点一样快速地发现机会的话，那你就能很快成功。

4. 决断力

成功的人是因为能迅速地做出决定，并且不会反复变更；而失败的人做决定时往往很慢，且经常变更决定的内容。

因此，有98%的人从来没有为一生中的重要目标做过决定，就是因为他们无法自行做主并且贯彻自己的决定。

但是，如何克服不愿意迅速做决定的习惯呢？

先找出你所面临的最迫切的问题，并对此问题做出决定，无论做出什么样的决定都可以，因为有决定总比没有决定要好。即使开始时做了一些错误的决定，也没有关系，日后你做出正确决定的几率会越来越多。

如果你事先确定你的目标，也将有助于做出正确的决定，因为你可以随时判断所做的决定是否有利于现实中目标的实现。

5. 促成他人与你合作

明确目标可使你的言行和性格散发出一种可信赖感，这种可信赖感会吸引他人的注意，并促成他人与你合作。

对于无法决定自己重要目标的人，会受到那些迅速做出决定的人的鼓舞，而对于那些少数已踏上成功之路的人，会辨认出谁才是成功之路的同伴，并且愿意帮助他们。

6. 信心

敞开心胸接纳"信心"这项特质吧！明确目标的最大优点就是它能使你心态变得积极，并使你脱离怀疑、沮丧、犹豫不决和拖延的束缚。

　　这些束缚是你必须面对的主要障碍之一。充满自信，并且相信造物主创造宇宙的目的，在于使人类得以发挥自身的最大潜力，这将有助于你克服这些障碍。别犹豫！现在就开始。

　　7. 成功的意识

　　和信心关系密切的另一项优点是成功意识，这个意识能使你的脑海里充满了成功的信念，并且拒绝接受任何失败的暗示。

　　所以，及早树立明确的人生目标，确定自己的发展方向，将有助于你成为那个能够吃到葡萄的人。

不要偏离了灯塔指引的方向

　　在人生诸多的问题中，最大的原因就是大家每天都稀里糊涂，一点儿也不明白生命中真正对他们有意义、有价值的东西是什么，无怪乎他们在得到所追求的东西之后内心依然空虚，叹道："难道人生就是如此？"

　　许多人之所以在生活中偏离了灯塔指引的方向，归根结底是没有弄清楚目标的正确含义，常常耗费心力于那些并非真正想要实现的目标上，因此才会遭受那么多的痛苦。

　　我们会有什么样的成就，会成为什么样的人，就在于先做什么样的梦。先有梦，才会有成就，才会发挥潜能。

　　一个出生于旧金山贫民区的小男孩从小因为营养不良而患软骨症，6岁时双腿变形成弓字形，而小腿更是严重萎缩。然而在他幼小的心灵中，一直藏着一个没有人相信会实现的梦——除了他自己。这个梦就是有一天他要成为美式橄榄球的全能球员。他是传奇人物吉姆·布朗的球迷，每当吉姆所属的克里夫兰布朗斯队和旧金山西九人队在旧金山比赛时，这个男孩都会不顾双腿的不便，一跛一跛地到球场去为心中的偶像加油。由于他穷得买不起票，所以只有等到全场比赛快结束时，从工作人员打开的大门溜进去，欣赏剩下的最后几分钟的比赛。

13岁时，有一次他有幸在布朗斯队和西九人队比赛之后，在一家冰淇淋店里和他心目中的偶像面对面接触了，那是他多年来所期望的一刻。他大大方方地走到这位大明星的跟前，朗声说道："布朗先生，我是你最忠实的球迷！"吉姆·布朗和气地向他说了声谢谢。这个小男孩接着又说道："布朗先生，你知道一件事吗？"吉姆转过头来问道："小朋友，请问是什么事呢？"男孩自豪地说道："我记得你所创下的每一项纪录，每一次的达阵。"吉姆·布朗十分开心地笑了，然后说道："真不简单。"这时小男孩挺了挺胸膛，眼睛闪烁着快乐的光芒，充满自信地说道："布朗先生，有一天我要打破你所创下的每一项纪录。"

听完小男孩的话，这位美式橄榄球明星微笑地对他说道："好大的口气，孩子，你叫什么名字？"小男孩得意地笑了，说："奥伦索，先生，我的名字叫奥伦索·辛普森，大家都管我叫O. J.。"

奥伦索·辛普森日后的确如他少年时所言，他克服了先天因素给他造成的最大障碍，在美式橄榄球场上打破了吉姆·布朗所创下的所有纪录，同时更创下一些新的纪录。

为什么目标能激发出令人难以置信的潜力，改写一个人的命运？为什么目标能够使一个行走不便的人成为传奇人物？要想把看不见的梦想变成看得见的事实，首先要做的事便是制订目标，这是人生中一切成功的开始。目标会引导你的一切想法，而你的想法便决定了你的人生。

设定目标有一个重要的原则，那就是它要有足够的难度，乍看之下似乎不容易实现，可是它又要对你有足够的吸引力，愿意全心全力去完成。当我们有了这个令人心动的目标，若再加上必然能够达成的信念，那么就可以说是成功了一半。

目标的制定过程跟你用眼睛看东西的过程有很多雷同之处。当你的目光越是接近要看的目标，就越会专注地去看，不仅是目标本身，还包括它周围的其他东西。

目标可以吸引我们的注意，引导我们向努力的方向前进，至于最后是成功或是失败，就全看我们是否能始终走在正确的方向上了。

成功者和失败者之间最大的区别就在于是否能够明确目标。目标直接决定着你成功与否，并为你的人生赋予了许多重大的意义。

制定目标必须坚持的6项原则

没有目标的人生是无聊、可悲的。不过，有了目标但导向错误或者不切实际，也难以体现一个人的人生价值。

在生活中，我们要树立明确的目标，投入实际的行动，才能获得成就感和满足感。并且，由于你的欲望和需要处于不断的变化之中，有些目标将会实现，而有些目标将不再对你有吸引力，因此你必须经常反省自己的欲望，修定自己的目标，并培养出强烈的动机和热情，朝你心中向往的那个目标前进。这是你自己对自己的挑战，与其他任何人都无关。

为了制定适宜的目标，应该遵循以下基本原则：

1. 目标的明确性

有些人也有自己奋斗的目标，但是他的目标是模糊的、泛泛的、不具体的，因而也是难以把握的，这样的目标同没有差不多。

比如，一个人在青少年时期确定了要做一个科学家的目标，但科学的门类很多，究竟要做哪一个学科的科学家，确定目标的人并不是很清楚，因而也就难以把握。

如果目标不明确，行动起来也就有很大的盲目性。

2. 目标的可行性

生活中有不少人，有些甚至是相当出色的人，就是由于确立的目标不明确、不具体而一事无成。

一个人确立奋斗的目标，一定要根据自己的实际情况来确定，要能够发挥自己的长处。

如果目标不切实际，与自己的自身条件相去甚远，那就不可能达到。为一个不可能达到的目标而花费精力，同浪费生命没有什么两样。

为了制定实际的目标，最重要的就是分清欲望和需要。

我们通常把欲望和需要混为一谈，以至于我们看不到真正本质性的东西。由于这种混淆容易扭曲我们对成功的界定，因此我们必须把真正需要的事物与那些我们不需要、但仅仅是欲望对象的事物区别开来，这是很重要的。

就像柏拉图所说的那样："在奢侈品不被需要、必需品也成为多余时，人生是最幸福的。"为了感受到真正的成功，我们都必须满足自己基本的需要。然后，我们继续努力去实现这些最终欲望或得到奢侈品，但它们不是幸福的真实体现。如果我们不首先满足自身的基本的需要而去追求欲望，我们就有可能置自己于悲惨的境地。

有一个年轻人，他经常确立那些超越自身承受极限的目标。他宣称："我必须为自己确立目标，否则我没有成就感。"第一天，他强迫自己跑两英里。第二天，他跑了3英里。在两周内，他跑步的距离达到7英里。在第四周，他拉伤了韧带，3个月不能跑步。在他的其余爱好、工作中，这个模式也在不断重复着。作为一个汽车推销商，他习惯性地为自己制定不可企及的目标，因而他的目标常常落空。这使他感到万分沮丧，对家人、朋友动辄发火。那些目标让他筋疲力尽，因为它们是根

据欲望而非需要制定的。

这个年轻人如果不再用距离和速度来衡量自己的表现，他就会发现自己会对体育运动更感兴趣，更少受伤，对坚持锻炼计划也更有热情。如果他把同样的原则应用于工作，他就会发现制定适度的目标使他有更多的成功机会。

3. 目标的专一性

一个人确定的目标要专一，而不能经常变换不定。

确立目标之前需要做深入细致的思考，要权衡各种利弊，考虑各种内外因素，从众多可供选择的目标中确立一个。

一个人在某一个时期或一生中一般只能确立一个主要目标，目标过多会使人无所适从。有一位房产商人，居然记不清自己手头到底有多少宗交易。他先是做一座建筑物的生意，接着增加到两座，后来生意做大了，终于扩展到别的业务。他回忆说："刺激得很，我在挑战自己的极限。"

有一天，银行来了通知，说他扩张过度，冒了太大的风险，并停止给他信贷。这位奇才于是失败了。

起初他怨天尤人，埋怨银行，埋怨经济环境，埋怨职员。最后他说："我明白我没有量力而为，结果欲速则不达。"

4. 目标的具体性

确定目标不能太宽泛，而应该确定在一个具体的点上。如同用放大镜聚集阳光使一张纸燃烧，要把焦距对准纸片才能点燃。如果不停地移动放大镜，或者对不准焦距，就不能使纸片燃烧。

这也同建造一座大楼一样，图纸设计不能只是个大概样子，或者含糊不清，而必须在面积、结构、样式等方面都是特定和具体的。目标应该用具体的细节反映出来，否则就显得过于笼统而无法付诸实施。

5. 目标的长期性

一个人要取得巨大的成功，就要确立长期的目标，要有长期作战的思想和心理准备。任何事物的发展都不是一帆风顺的，世界上没有一蹴而就的事情。

正所谓："有志者，立长志，无志者，常立志。"

有了长期的目标，就不怕暂时的挫折，也不会因为前进中有困难就畏缩不前。许多事情，不是一朝一夕就能做到的，需要持之以恒的精神。

6. 目标的长远性

目标有大小之分，这里讲的主要是有重大价值的目标。只有远大的目标才会有崇高的意义，才能激起一个人心中的渴望。

一个人确定的目标越远大，他取得的成就就越大。

远大的目标总是与远大的理想紧密结合在一起的，那些改变了历史面貌的伟人们，都确立过远大的目标，目标激励着他们时刻都在为理想而奋斗，结果他们成了名垂千古的伟人。

因此，要结合实际用最好的方法实现自己的目标

要专注于目标

曾经有一幅漫画，画着一个人拿着铁锹挖井，他一路走一路挖，有的挖得深，有的挖得浅，尽管地下水就在这些井的下面，但他所挖的最深的井都没有触到地下水。事实上，我们当中的许多人一生都在做着这样的蠢事，尽管他有实现自己目标的能力，却不能一直专注于同一个目标。他什么都想干，什么都略懂皮毛，却不能成为某一领域的专家。所以，尽管他多才多艺，却一生没有做成一件大事，他把时间都浪费在了

多个目标上,到最后却一个目标都没有实现。人的时间和精力不是无限的,不允许你有那么多的目标去实现,一生专注于同一个大目标,并让它圆满实现就足够了。

伊格诺蒂乌斯·劳拉有一句名言:"一次做好一件事情的人比同时涉猎多个领域的人要好得多。"在太多的领域内都付出努力,我们就难免会分散精力,阻碍进步,最终一无所成。圣·里奥纳多在一次给福韦尔·柏克斯顿爵士的信中谈到他的学习方法,并解释自己成功的秘诀,他说:"开始学法律时,我决心吸收每一点获取的知识,并使之同化为自己的一部分。在一件事没有充分了解清楚之前,我绝不会开始学习另一件事情。我的许多竞争对手在一天内读的东西,我得花一星期时间才能读完。而一年后,这些东西,我依然记忆犹新,但是他们却早已忘得一干二净了。"

在对有价值目标的追求中,坚韧不拔的决心则是一切成功的基础。充沛的精力会让人有能力克服艰难险阻,完成单调乏味的工作,忍受其中琐碎而又枯燥的细节,从而使他顺利地通过人生的每一驿站。在这个过程中,正是由于各种令人沮丧和危险的磨炼,才造就了天才。在每一种追求中,作为成功之保证的与其说是卓越的才能,不如说是对同一个目标的坚持不懈的追求。

追求的目标对于年轻人来说,如果他们的愿望和要求不能及时地付诸行动并成为现实,那么就会引起精神上的萎靡不振。但是,目标的实现,正像许多人所做的那样,不仅需要耐心地等待,而且还必须坚持不懈地奋斗和百折不挠地拼搏。切实可行的目标一旦确立,就必须迅速付诸实施,并且不可发生丝毫动摇,否则你将一事无成。

举个例子来说吧:

海伦斯无论学什么都是半途而废。他曾经废寝忘食地攻读法语,但要真正掌握法语,必须首先对古法语有透彻的了解,而没有对拉丁语的全面掌握和理解，要想学好古法语是绝不可能的。海伦斯进而发现，掌握拉丁语的唯一途径是学习梵文，因此便一头扑进梵文的学习之中，可这就更加旷日废时了。

海伦斯从未获得过什么学位，他所受过的教育也始终没有用武之地。但他的先辈为他留下了一些本钱，他拿出 10 万美元投资办一家煤气厂，可造煤气所需的煤炭价钱昂贵，这使他大为亏本。于是，他以 9 万美元的售价把煤气厂转让出去，开办起煤矿来。可这次又不走运，因为采矿机械的耗资大得吓人。因此，海伦斯把在矿里拥有的股份变卖成 8 万美元，转入了煤矿机器制造业。从那以后，他便像一个内行的滑冰者，在有关的各种工业部门中滑进滑出，没完没了。

他恋爱过好几次，每一次都毫无结果。他对一位姑娘一见钟情，十分坦率地向她表露了心迹。为使自己配得上她，他开始在精神品德方面陶冶自己。他去一所星期日学校上了一个半月的课，但不久便自动放弃了。两年后，当他认为问心无愧、无妨启齿求婚之日，那位姑娘早已嫁给了一个愚蠢的家伙。

不久，他又如痴如醉地爱上了一位迷人的、有 5 个妹妹的姑娘。可是，当他上姑娘家时，却喜欢上了女友的二妹，不久又迷上了更小的妹妹。到最后一个也没谈成功。

海伦斯的情形每况愈下，越来越穷。他卖掉了最后一项营生的最后一笔股份后，便用这笔钱买了一份逐年支取的终生年金，以惨淡维持他的后半生。

海伦斯的一生告诉我们：那些对奋斗目标用心不专、左右摇摆的人，对琐碎的工作总是寻找借口推辞，懈怠逃避的人注定是要失败的。如果我们把所从事的工作当做不可回避的事情来看待，我们就会带着轻松愉快的心情，迅速地将它完成。有时即使是一个才华一般的人，只要他在某一特定时间内，全身心地投入和不屈不挠地从事某一项工作，他也会取得巨大的成就。福韦尔·柏克斯顿认为，成功来自一般的工作方法和特别的勤奋用功。他坚信《圣经》的训诫："无论你做什么，你都要竭尽全力！"他把自己一生的成就归功于"在一定时期不遗余力地做一件事"这一信条的实践。

对于我们来说，每个人都有可以成功的特质，许多人的不成功是因为对目标的不明确和不专一，而不是其他原因。

给自己的目标分段

有的人做事之所以会半途而废，不是因为觉得此事难度较大，而是觉得成功离自己较远。确切地说，我们不是因为失败而放弃，而是因为倦怠而失败。将大目标进行分解、分段完成，在不知不觉中我们就已接近终点。而不能像蜗牛一样漫无目的地爬行。

1984年，在东京国际马拉松邀请赛中，名不见经传的日本选手山田本一出人意外地夺得了世界冠军。当记者问他凭什么取得如此惊人的成绩时，他说："凭智慧战胜对手。"两年后，他又在米兰获得了意大利国际马拉松邀请赛冠军。当记者又请他谈经验时，他说了同样的话。人们对他的所谓智慧迷惑不解。

当人们翻开他的自传时谜底才得以揭晓："每次比赛之前，我都要乘车把比赛的线路仔细地看一遍，并把沿途比较醒目的标志画下来。比如第一个标志是银行；第二个标志是一棵大树；第三个标志是一座红房子……这样一直画到赛程的终点。比赛开始后，我就以百米的速度奋力地向第一个目标冲去，等到达第一个目标后，我又以同样的速度向第二个目标冲去。40多公里的赛程，就被我分解成这么几个小目标而轻松地跑完了。"

我们无法一下子完成我们的大目标,只能一步步走向成功,所谓优良的计划,就是自行确定的每个月的配额或清单。

如果你要提高你的效率,请你利用下面的"30天的改善计划"来自我衡量一下。你可以在标题之下填入你一个月以内必须做到的事情,一个月以后再检查一下进度,并重新建立新的目标。你应该经常留意那些小事,以便充实你承担大事的条件与实力。就这样不断地补充自己的实力,你的大目标一定可以实现。

坚定的决心是别的东西无法代替的。下决心将你的计划坚持到底,不要理会障碍、批评,或不利环境,或别人会怎样想、怎样说、怎样做。以不懈的努力、专注和集中的力量来筑起自己的决心。机会不会落在等待者的头上,只有敢于出击的人才能抓住机会。而成功出击的能力取决于规划制定及实现目标的能力。正如牧师兼演说家罗伯特·H·舒勒所说:"目标绝对重要,不但调动我们的积极性而且维持我们的人生。"

今天就开始制定目标,规划未来的航向。罗伯特·F·梅杰说:"如果你没有明确的目的地,你很可能走到不想去的地方去。"尽一切能力实现自己的理想,不要走到不想去的地方去。

分段制定目标的几个步骤是:

1. 把你确定自己人生理想时写下的东西重读一遍

以这个理想为基础,写出一份陈述。要写得简单,但要包括你想做的一切。这是你需要记住的,写的时候一定要包括以下几点:

(1) 你人生活动的重点是什么
(2) 你为什么想做这些事情
(3) 你打算怎样做到这些事情

写好了目的陈述之后,在最初几周每天看一次,看看这份陈述是否准确代表你的人生目标。

2. 花几个钟头的时间定出你的目标

从人生的总体目标开始，找到实现人生目标所必须达到的主要目标，你大概会想出 2～10 个目标。同样要花点儿时间从头看一遍这些人生目标，看看你是否真的觉得它们很重要。

3. 花一个钟头的时间阅读一遍每一条人生目标

把一个人生目标分解成几个必须达到的中长期目标，再把每个中长期目标分解成几个小的中短期目标，然后把中短期目标分解成每天、每周、每月可以执行的任务。这些活动将为你描绘成功的蓝图。

这样处理过每个人生目标之后，你就会懂得要成功就必须做什么，把每天、每周、每月的活动组织一下。

4. 评估你的目标

确定你的目标是否现实，弄清哪几个目标是需要与别人合作才能达到的。记下需要别人帮助的目标，以及可能给你提供帮助的人（记住要挑选跟你有类似目标及理想的人）。

5. 在别人的帮助下实现自己的目标

聪明人不会让自己的目标看起来像一座座压得人喘不过气来的大山，他们把自己的目标分段，逐个地攻克每一个堡垒。当别人气喘吁吁地跑到终点时，也许他们早已经轻松地在终点休息了。

运用合适的方法完成目标

人生不能没有目标，但有目标还应该有方法去实现它。因为人与人不同，所以，不同的人也应该有各自不同的方法去实现目标。所谓不同的方法就是适合你自己的，并且是行之有效的方法。可以模仿，但不可以照搬别人的方法。

迈尔顿 16 岁的时候，暑假期间，他对爸爸说："爸爸，我不愿整个夏天都向您伸手要钱，我要找个工作。"

他父亲从震惊中回过神之后对迈尔顿说："好啊，迈尔顿，我会想办法给你找个工作，但是恐怕不容易。"

"你没有弄清我的意思，我并不是要您给我找个工作，我要自己来找。还有，请不要那么消极，有些人总是可以找到工作的。"

"哪些人？"父亲带着好奇问。

"那些会动脑筋的人。"儿子回答说。

迈尔顿在"招聘人"广告栏上仔细寻找，找到了一个很适合他专长的工作，广告上说找工作的人要在第二天早上 8 点钟到达 42 街的一个地方。迈尔顿并没有等到 8 点钟，而在 7 点 45 分就到了那儿。他看到已经有 20 个男孩排在那里，他是队伍中的第 21 名。

怎样才能引起特别注意而竞争成功呢？这是他的问题。他应该怎样处理这个问题？根据迈尔顿所说，只有一件事可做——动脑筋思考。因此他进入了那个最令人痛苦也最令人快乐的程序——思考。在真正思考的时候，总是会想出办法的，迈尔顿就想出了一个办法。他拿出一张纸，在上面写了一句话，折得整整齐齐，然后走向秘书小姐，恭敬地对她说："小姐，请你马上把这张纸条转交给你的老板，这非常重要。"

秘书是一个聪明人，如果他是个普通的男孩，她就可能会说："算了吧，小伙子，你回到队伍的第 21 个位子上等吧。"但是他不是普通的男孩，她凭直觉感到，他散发出高级职员的气质。她收下了纸条。

"好啊！"她说："让我来看看这张纸条。"她看了不禁笑了起来。她立刻站起来，走进老板的办公室，把纸条放在老板的桌上。老板看了也大声笑了起来，因为纸条上写着：

"先生，我排在队伍中第 21 位，在你没有看到我之前，请不要做决定。"

就这样，迈尔顿得到了那份工作。

在追求成功的道路上，不仅要知道努力，还要讲究方法，把动脑和勤奋结合起来，知道怎样努力才能取得最佳效果。

学会放弃一些目标

学会放弃一些目标，就是知道自己在摸到一把臭牌时，不要再希望这一盘是赢家，懂得撒手，不要再去浪费自己的精力。当然，在牌场上，大多数人在摸到一张臭牌时会对自己说，这一盘输定了，别管它了，抽口烟歇口气，下回再来。可在实际生活中，像打牌时有这般明智的人，却少之又少。

努力也是有条件的，当你陷进泥塘里的时候，就应该知道及时爬起来，远远地离开那个泥塘。有人说，这个谁不会呀！而事实上，不会的人多了。比如一个不适合自己的公司、一堆被套牢的股票、一场"三角"或"多角"恋爱，或者是一个难以实现的梦幻……

在这样的境遇里，你再怎么挣扎也无济于事，真正聪明的做法就是调整方向重新再来。

而生活中，不同的人在这样的泥塘里是怎样想的？他们会想，让人家看见我爬出来一身污泥多难为情呀；会想，也许这个泥塘是个宝坑呢；还会想，泥塘就泥塘，我认了，只要我不说，没人知道！甚至会想，就是泥塘也没关系，我是一朵荷花，亭亭玉立，可以出污泥而不染……

有这些想法的人只能证明他们自己是自欺欺人的傻瓜。

也许有人会说，这有什么不懂，谁也不是傻子。

不过在现实生活中，确实有一些人在做着无谓的斗争与努力，就像是已经坐上了反方向的公共汽车，还要求司机加快速度一样。

　　学会放弃一些目标，就是在上错了公共汽车时及时下车，另外换一辆车。

　　只是，人们这样的行为，如果一旦不是在公共汽车上出现，自己就不太愿意下车了。比方说，如果是一桩婚姻、一个写了一半的剧本、一个正从事的发明，难！于是就努力向售票员证明是他的错，是他没有阻止自己登上汽车；于是就努力说服司机改变行车路线，让他跟着自己的正确路线前进；于是就下决心毁灭这辆汽车，因为毁灭一个错误也是件伟大的事业；于是会坚持坐到底，因为在999次失败后也许就是最后的成功。

　　人生道路上，我们常常被激昂而光彩的语汇弄昏了头，以不屈不挠、百折不回的精神坚持死不认输，从而输掉了自己！选对方向，及时改变方向应该是最基本的生活常识，臭牌教过我们，泥塘教过我们，只是我们一离开这些老师，就不愿从上错了的车上走下来了。

　　其实，如果你从一辆坐错了的车上下来没有什么不好，因为，当你再次选择的时候，如果找到了自己的位子，远比朝着一个错误的方向一直走下去强很多。

第十一章

得之坦然,失之泰然——悲喜观

人的情绪有很多种,但快乐才是最重要的。一个人能够在生活的熔炉里始终快乐地接受生命的赐予,是所有珍惜你、爱护你的人都极其希望看到的。不要让自己那张脸因不快乐而变得伤痕累累,努力接受这个世界的一切不完美,将微笑送给所有人,也许你会有意想不到的收获。

不要老盯着自己的缺点

导致人们不快乐的根源是老盯着自己的缺点，总喜欢用自己的缺点和别人的优点相比较。这是一种不明智的做法。每个人都有优点，也有缺点。如果用你自己的缺点和别人的优点相比，你当然找不到自信，也难以快乐。所以，正确地认识自己，做一个快乐的自己才是最重要的。

不必总是欣赏别人，也欣赏一下自己吧，你会发现，天空一样高远，大地一样宽广，自己有比别人更美好的地方。

我们的快乐必须靠自己去寻找，而一切快乐的基础就是对自己的满意度，一个对自己都不满意的人，快乐怎么愿意靠近他？生命需要充实，更需要欣赏。平日里，在尘世上的奔波，让我们忘记了一个真实的、有着缺憾、更有着美丽的自己。我们对世界的要求太高，对自己的要求太高。在风尘仆仆的追逐中，留意着路边的风景，却忘记了一个比风景更美的自己。

尽管你想成为太阳，可你却只是一颗星辰；尽管你想成为大树，可你却只是一株小草；尽管你想成为大海，可你却只是一泓山溪……但不要做那种欣赏别人的时候一切都好、审视自己的时候却总是觉得很糟的人。和别人一样，你也是一道风景，也有阳光，也有空气，也有寒来暑往，甚至有别人未曾见过的一株春草，甚至有别人未曾听过的一阵虫鸣……做不了太阳，就做星辰，让自己在夜空中静止地发光；做不了大树，就做小草，以自己的绿色装点春天；做不了伟人，就做实实在在的自己，平凡并不可卑，关键是必须扮演好自己的角色。

有个小男孩头戴球帽，手拿球棒与棒球，全副武装地走到自家后院。"我是世上最伟大的击球手。"他自信地说完后，便将球往空中一

第十一章
得之坦然，失之泰然——悲喜观

抛，然后用力挥棒，但却没打中。他毫不气馁，继续将球拾起，又往空中一抛，然后大喊一声："我是最厉害的击球手。"他再次挥棒，可惜仍是落空。他愣了半响，然后仔仔细细地将球棒与棒球检查了一番之后，他又试一次，这次他仍告诉自己："我是最杰出的击球手。"然而他第三次的尝试还是挥棒落空。

"哇！"他突然跳了起来，"我真是一流的投手。"

看了上面的这个小故事，你是一笑置之，还是有所感触呢？故事中的男孩勇于尝试，能不断地给自己打气、加油，让自己充满信心。虽然仍是失败，但是，他并没有自暴自弃，没有任何抱怨，反而能从另一种角度看待自己。

关于欣赏自己，古人早就有"懂得欣赏自己，才会有生活之乐趣"这一说。而今，社会又流行"若连自己都不欣赏，那你又怎么会懂得欣赏别人呢？"这些，都说明了懂得欣赏自己的重要性。

欣赏自己，没有超凡的聪颖，却不乏执著和勤奋；欣赏自己，在挫折面前没有叹息和抱怨，只有更加奋然前进的勇气；欣赏自己，更多的是肯定自己，但绝不是那种自以为是的孤芳自赏，更不是欣赏自己的缺点与错误；欣赏自己，是让自己有信心地走向生活，把一串串美丽的梦想变成神奇的现实，把一个个平淡的日子装扮得五彩缤纷。

你也许埋怨过自己不是名门出身，你也许苦恼过自己命运中的波折，你也许叹惋过自己行程中的坎坷，可是，你有没有正视过自己？对于一个生活的强者而言，出身只是一种符号，它和成功没有丝毫瓜葛，你又何必为此失去整个快乐的天空？命运不是池塘里的水，不能平静无波。生命的行程中如果没有顽石的阻挡，又怎能激起美丽的浪花朵朵？

我们都是这个世界里独一无二的自己。都是集优点和缺点于一身的自己。正视自己缺点的同时也要学会欣赏自己的优点，给自己制造一些快乐的机会。

对小事不要斤斤计较

生活中，我们经常会被一些不顺心的小事弄得心烦意乱，笑颜难见。可是生活中遇到不如意的事是常事。从伟人到芸芸众生，无不皆然。算起来，生活中哪一天没有不顺心的事呢？工作不如意、朋友闹矛盾等，假如总是把自己陷在这些烦恼中，即使晴天丽日也会觉得天气不好。有句话说得好：快乐是一天，不快乐也是一天。既然怎样都得过下去，为什么不选择快乐呢？

很多年前，一名美国青年摩尔在中南半岛附近海下270英尺深的潜水艇里，学到了一生中最重要的一课。

当时摩尔所在的潜水艇从雷达上发现一支日军舰队朝他们开来，他们发射了几枚鱼雷，但没有击中任何一艘舰。这个时候，日军发现了他们，一艘布雷舰直朝他们开来。3分钟后，天崩地裂，6枚深水炸弹在四周炸开，把他们直压到海底270英尺深的地方。深水炸弹不停地投下，整整持续了15个小时。其中，有10几枚炸弹就在离他们60英尺左右的地方爆炸。倘若再近一点儿的话，潜艇就会被炸出一个洞来。

摩尔和所有的士兵一样奉命静躺在自己的床上，保持镇定，当时的摩尔吓得不知如何呼吸，他不停地对自己说：这下死定了……潜水艇内部的温度达到摄氏40多度，可是他却怕得全身发冷，一阵阵冒虚汗。15个小时后，攻击停止了，那艘布雷舰用光了所有的炸弹后开走了。

摩尔感觉这15个小时就好像是150万年。他过去的生活一一浮现在眼前，那些曾经让他烦忧过的无聊的小事更是记得特别清晰——没钱买房子，没钱买汽车，没钱给妻子买好衣服，还有为了丁点儿芝麻小事和妻子吵架，还为额头上的一个小疤影响容貌发愁……

第十一章
得之坦然,失之泰然——悲喜观

可是,这些令人发愁的事,在深水炸弹威胁生命的那一刻,显得那么荒谬、渺小。摩尔对自己发誓,如果他还有机会看到明天太阳升起的话,他永远都不会再为这些小事忧愁了!

这是一个人经过大灾大难后才悟出的人生箴言!英国著名作家迪斯累利曾精辟地指出:"斤斤计较的人,生命是短促的。"的确,如果让微不足道的小事时常吞噬我们的心灵,不愉快的感觉会伴随人可怜地度过一生。

有一个年过40、拥有两家公司的女总经理,平时总是化着淡妆,衣着简单而高雅,只要不谈公事,她看起来顶多像一个刚入社会的新人。她总是开开心心的,不只是人家愿意和她相处,做生意时也会觉得和她合作很愉快。所以,她的生意越做越好。

有人问她:"你如何青春永驻?"

她回答:"我不知道,大概是因为我没有烦恼吧!从前年轻的时候,常常为鸡毛蒜皮的事烦恼得不得了,连男朋友说我长了颗青春痘,我都会烦恼得睡不着觉,心想:他讲这句话的意思是不是他不爱我了?直到我爸爸去世。"

"我父亲20多岁就开始创业,40岁时就已经是一个大老板了。他遭遇车祸去世前几天,正为公司少了一笔10万元的账而烦恼,我爸一向不爱看账本,那个月他忽然把会计账本拿出来瞧,管会计的人是他的合伙人,因为这一笔账去路不明,他开始怀疑两个人多年来的合作是否都有被吃账的问题。我妈妈说,他开始睡不着觉,睡不着就开始喝酒,喝酒后就变得烦躁,越烦躁就越喝酒,有天晚上应酬后开车回家,发生了车祸……他走了之后,我妈妈处理他的后事时发现,他的合伙人只不过把这个公司的10万元挪到那个公司用,不久又挪回来了。没想到我爸为了这笔钱,烦了那么久……

"从我爸爸身上我得到了一个教训,不要给自己制造烦恼,不要自找麻烦，以最单纯的态度去应付事情。这也许是我不长皱纹的原因吧！"

也许我们从这位女经理身上可以感悟到：每个人的周围一定有看起来像"烦恼制造机"的人，他们总在为不可能发生的事、不足挂齿的小事烦恼，在日积月累的烦恼中，对别人一个无意的眼神、一句无心的话，都犯了疑心病，仿佛在努力地防卫病毒入侵，也防卫了快乐的可能。

伏尔泰曾一针见血地指出，"使人疲惫的不是远方的高山，而是鞋子里的一粒沙子。"生活中常常困扰你的，不是那些巨大的挑战，而是一些琐碎的事。虽然这些事微不足道，却能无休止地消耗你的精力。

如果你能倒出鞋子中的"小沙粒"，去有意地忽略它，就会发现：其实生活是那么快乐。

不要期待绝对的幸福

我们有追求幸福的权利，有享受幸福的权利。但请你记住：人生没有绝对的幸福。那种幸福只是一种可望而不可及的美好愿望。就如陈设在珠宝橱窗里的极品，看起来精美绝伦却有着它无人可识的瑕疵。即使你得到了它，也并不一定能满足你心里的那种对完美的期待。不要奢望那种绝对的幸福，只需享受你现有的幸福就可以了。

一位朋友讲过他的一次经历：

"一天下班后我乘中巴回家，车上的人很多，过道上站满了人。站在我面前的是一对恋人，他们亲热地相挽着，那女孩背对着我，她的背影看上去很美丽，高挑、匀称、活力四射。她的头发是染过的，是最时髦的金黄色，穿着一条最流行的吊带裙，露出香肩，是一个典型的都市女孩，时尚、前卫、性感。他们靠得很近，低声絮语着什么。女孩不时

第十一章
得之坦然，失之泰然——悲喜观

发出欢快的笑声，笑声不加节制，好像是在向车上的人挑衅：你看，我比你们快乐得多！笑声引得许多人把目光投向他们，大家的目光里似乎有艳羡。不，我发觉他们的眼神里还有一种惊讶，难道女孩美得让人吃惊？我也有一种冲动，想看看女孩的脸，看看那张倾城的脸上洋溢着的幸福会是一种什么样子。但女孩没回头，她的眼里只有她的情人。"

"后来，他们大概聊到了电影《泰坦尼克号》，这时，那女孩便轻轻地哼起了那首主题歌，女孩的嗓音很美，把那首缠绵悱恻的歌唱得很动听，虽然只是随便哼哼，却有一种特别动人的力量。我想，只有足够幸福和自信的人，才会在人群里毫无顾及地欢唱。这样想来，便觉得心里酸酸的，像我这样从内到外都极为孤独的人，何时才会有这样旁若无人的欢乐歌声？"

"很巧，我和那对恋人在同一站下了车，这让我有机会看到女孩的脸，我的心里有些紧张，不知道自己将看到一个多么令人赏心悦目的绝色美人。可就在我大步流星地赶上他们并回头观望时，我惊呆了，我也理解了在此之前车上那些惊诧的眼睛。我看到的是张什么样的脸啊！那是一张被烧坏了的脸，用'触目惊心'这个词来形容毫不夸张！真搞不懂，这样的女孩居然会有那么快乐的心境。"

这位朋友讲完他的故事后，深深地叹了口气感慨道："上帝真是公平啊，他不但把霉运给了那个女孩，也把好心情给了她！"

其实掌控你心灵的，不是上帝，而是你自己。世上没有绝对幸福的人，只有不肯快乐的心。你必须掌握好自己的心，让它给你快乐。

倘若生气时就生气，悲伤时就悲伤，懒惰时就偷懒，这些只不过是顺其自然，并不是好的现象。释伽牟尼说过："妥善调整过的自己，比世上任何君王更加尊贵。"由此可知，"妥善调整过的自己"，比什么都重要。任何时候都必须明朗、愉快、欢乐、有希望、勇敢地掌握好自己的心。

有个女人说，如果我能够嫁给那个英俊而富有的男人，我这一辈子会很幸福。为了做到这点，她很努力地改变自己，譬如那个男人喜欢短发的女孩，她一狠心把自己喜欢的一头长发剪了。后来她真的嫁给了他，男人说不喜欢事业心重的女人，她辞了工作。目的达到了，可她不知道为什么并没有预想的幸福，反而越来越恐慌，怕那个男人不把她当回事。不到一年，男人移情别恋。这个女人已经不再渴望幸福，她每天只希望活下去而不动死的念头就心满意足了。

那个女人为了获得和那个男人共同生活的幸福，把自己的个性丢掉了，她的所谓"幸福"不但没有了自己的立足点，甚至完全改变了自己，成为从他化的幸福。她曾经渴盼的幸福好像一把细小的沙子，一阵大风吹来就没有了。

世界上是否存在真正的幸福？倘若幸福从他化或者物质化，又或者希望把它作为一种形态固定下来，那么你不会找到一种真正的幸福，你恰恰会在寻找幸福的同时陷入痛苦和不安。

真正的幸福是一种心态，是一种你自己完全可以主宰、可以调整的心态；真正的幸福是一种境界，一种你自己领悟、你自己进入的境界；真正的幸福也需要"悟"，这悟出的幸福不在他人的手里；你是一个幸福的创造者，当你执著于这一点的时候，幸福才会永远伴随着你！

精神的快乐才是真快乐

人的快乐源自于精神。那些位高权重、住着洋房别墅、坐着宝马香车的权贵们未必能够拥有这种精神上的快乐。尽管他们在人前笑逐颜开，可是你无法看到他们在人后时的那种因空虚而迷离的眼神和忧郁的愁容。

第十一章
得之坦然,失之泰然——悲喜观

事实上,物质上的满足远不如精神上的满足对于一个人更重要。只有让自己的精神更快乐才是真正的快乐。

一位女子陪伴丈夫驻扎在加州沙漠的陆军基地。她的丈夫奉命出外参加演习时,她就只好一个人呆在陆军的小铁皮房子里。外面的天气实在太热了,树阴下的温度也高达华氏125度。更可恶的是,没有一个人可以和她聊天,只有满天的风沙,所有吃的、用的东西都沾满了沙,就连呼吸都让人觉得困难!

她难过到了极点,觉得自己非常可怜,于是她写信给她的父母,说她一分钟也不能再忍受下去了,她宁愿去坐牢也不愿待在这个鬼地方。她父亲的回信只有一句话,但这句话却永远留在她心中,并改变了她的一生:

两个人同时从牢里的铁窗望出去,一个人看到的是满地的泥泞,而另一个人却看到满天的繁星。

她不断地看这封信,待她终于明白了什么后,不禁非常惭愧。她决定找出自己目前处境的有利之处,她要找寻自己的满天的繁星。

她开始热心地与当地居民交朋友,而他们的反应也令她十分感动。当她对当地居民的编织与陶艺表现出浓厚的兴趣时,这些居民就把自己最喜欢的甚至都不愿卖给游客的纺织品陶器送给她。她开始研究令人着迷的仙人掌及当地各种沙漠植物。她试着学习关于土拨鼠的知识,或观看沙漠的日落,找寻几百万年前的贝壳化石,原来这片沙漠在300万年前曾是浩瀚的海洋。

那么,你不禁要问,究竟是什么使她的内心发生这些惊人的改变呢?你可以看出沙漠并没有发生改变,改变的只是她自己。因为她的认识改变了,正是这种改变使她有了一段精彩的人生经历。她所发现的新天地令她觉得既刺激又兴奋,使她把原先认为恶劣的环境变成了一次有意义的冒险。后来她写了一本小说讲述她如何逃出自筑的精神牢狱,找到了美丽的星辰。

哈里·爱默生·佛斯狄克曾语重心长地说:"真正的快乐不一定是愉悦的,它多半是一种思想上的胜利。"没错,快乐源自一种成就感,一种自我超越的胜利,一种将酸柠檬榨成柠檬汁的经历。

著名作家波利梭24岁那年因事故丧失了双腿,从此便被宣判以后的人生要在轮椅上度过!他说他当时十分愤怒,怨恨命运对自己如此无情的捉弄。但是后来,他明白发怒或生气对自己毫无益处,只能使自己变得更卑微无能。"我终于醒悟,"他说,"别人都友善礼貌地对待我,我至少也应该友善地对待别人。"

那么他后来是否仍觉得那次事件是他人生的不幸呢?他说:"不!我简直庆幸它的发生。"他说,经过了那个震惊与愤恨的时期,他开始学习在一个全新的世界中生活。他开始阅读大量文学作品并尝试文学创作。14年中他至少读了1400本书籍,这些书拓展了他的视野,他的人生比以前所能想象的丰富得多。他开始欣赏音乐,现在令他感动的交响乐以前只会让他昏昏入睡。然而,真正最重大的改变,还是他学会了真正的思考:"我一生中第一次真正用心看世界,并体会其价值。我终于领悟到以前努力追求的很多事,大部分一点儿价值也没有。"

通过阅读,他开始对政治学感兴趣,并研究行政问题,他常常坐在轮椅上发表演说!他开始了解人们,而人们也开始认识他。后来坐在轮椅上的他,还当上了佐治亚州政府的秘书长。

事实上,成功人物之所以成功,大部分是因为某些方面的不足激发了他们的潜能。

威廉·詹姆斯曾说:"我们最大的弱点,也许会给我们提供一种超乎想象的生命动力。"

是的,密尔顿正是因为失明,才能写出那么精彩的诗篇。而海伦·凯勒的创作事业则完全是受到了耳聋目盲的激发。贝多芬则可能因

第十一章
得之坦然,失之泰然——悲喜观

为耳聋才得以完成生命的赞美诗《命运》。如果柴可夫斯基的婚姻不是那么不幸,逼得他几乎要寻短见,那他就难以创作出不朽的《悲怆交响曲》。托尔斯泰与陀斯妥耶夫斯基都是因为本身命运悲惨,才能写出流传千古的感人作品。

在巴黎的一次音乐会上,世界著名小提琴家欧利·布尔正在演奏,忽然小提琴的 A 弦断了,他从容自若地以剩余的 3 根弦奏完全曲。佛斯狄克说:"这就是人生,断了一根弦,你还能以剩余的 3 根弦继续演奏。"

进化论创始人达尔文,这位使人类科学观点得到改变的科学家说:"如果我不是这么无能,我就不可能完成所有这些靠我辛勤努力完成的工作。"很显然,他坦承他的许多弱点对他有意想不到的助力。

达尔文在英国诞生的同一天,在美国肯德基州的小木屋里也诞生了一个婴儿,他就是亚伯拉罕·林肯。假如林肯生长在一个富有的家庭,得到哈佛大学的法律学位,又有美满的婚姻,他可能永远不能在盖茨堡讲出那么深刻动人、不朽的词句。更别提他连任就职时的演说——这篇演说集中体现了一位统治者最高贵优美的情操。他说:"不要对任何人怀有恶意,常怀慈悲于世人……"

斯堪第纳维亚地区流行一句俗语:冰冷的北极风造就了爱斯基摩人。

我们无法相信人们仅仅因为没有任何困难而觉得舒适,觉得快乐。恰恰相反,一个自怜的人即使舒服地靠在沙发上,也不会停止自怜。反倒是无视环境优劣的人常能快乐,他们极富责任感,从不逃避。

人生的快乐源自于我们心灵的那种愉悦的感受。无论我们拥有什么,都不要停止去唤醒那种感受,让它助你走过这一程。

要培养忘却的能力

人们往往习惯于忘记生活中那些让自己高兴的、点点滴滴的小事，而常常将那些痛苦牢牢地记在心里。就像吃过了糖会马上忘记它的甜味，而吃过了苦药却常常觉得那苦涩长留唇舌间。生活需要我们做的却与此相反：忘记苦涩，回味甘甜。因此，忘却是一种能力，忘却苦涩是一种更高的能力。我们需要培养这种能力，让自己的快乐比痛苦多一点。

台湾著名女作家三毛小时候是一个非常勇敢而又活泼的小女孩儿，她喜欢体育，常常一个人倒吊在单杠上直到鼻子流出血来。她喜欢上语文课，国文课本一发下来，她只要大声朗读一遍，便能够熟练地掌握其中的内容。有一次她甚至跑到老师那里，很轻蔑地批评说："国文课本编得太浅，怎么能把小学生当傻瓜一样对待呢？"

三毛12岁那年，以优异的成绩考取了台北最好的女子中学——台北省立第一女子中学。初一时，三毛的学习成绩还行，到了初二，数学成绩一直滑坡，几次小考中最高分才得50分，三毛开始觉得自卑。

然而，一向好强的三毛发现了一个考高分的窍门。她发现每次老师出小考题，都是从课本后面的习题中选出来的。于是三毛每到临考，都把后面的习题背一遍。因为三毛记忆力好，所以她能将那些习题背得滚瓜烂熟。这样，一连6次小考，三毛都得了100分。老师对此很是怀疑，他决定要单独测试一下三毛。

一天，老师将三毛叫进办公室，将一张准备好的数学卷子交给三毛，限她10分钟内完成。由于题目难度很大，三毛得了零分，老师对她很是不满。

第十一章
得之坦然，失之泰然——悲喜观

接着，老师在全班同学面前羞辱三毛。这位数学老师拿起饱蘸着墨汁的毛笔，叫她立正，非常恶毒地说："你爱吃鸭蛋，老师给你两个大鸭蛋。"老师用毛笔在三毛眼眶四周涂了两个大圆饼。因为墨汁太多，它们流下来，顺着三毛紧紧抿住的嘴唇，渗到她的嘴巴里。

老师又让三毛转过身去面对全班同学，全班同学哄笑不止。然而老师并没有就此罢手，他又命令三毛到教室外面，在大楼的走廊里走一圈再回来。三毛不敢违背，只有一步一步艰难地将漫长的走廊走完。

这件事情使三毛丢了丑，但她没有及时忘却的能力，于是开始逃学。当父母鼓励她正视现实鼓起勇气再去学校时，她坚决地说"不"，并且自此开始休学在家。

休学在家的日子里，三毛仍然不能从这件事的阴影中走出来。当家里人一起吃饭时，姐姐弟弟不免要说些学校的事。这令她极其痛苦，以至于连吃饭都躲在自己的小屋里，不肯出来见人了。就这样，三毛患上了少年自闭症。

可以说少年自闭症影响了三毛的一生，在她成长的过程中，甚至在她长大成人之后，她的性格始终以脆弱、偏颇、执拗、情绪化为主导。这样的性格对于她的职业可能没有太多的负面影响，却严重影响了她人生的幸福。1991年1月，三毛在台北自杀身亡，这与她的性格弱点有重要关联，正是因为三毛的性格，才导致了她那最终可悲的命运。

对于12岁时的丢丑事件的念念不忘，使三毛产生了不良的性格倾向，长大成人的三毛深知这样的性格会是自己成功路上的拦路虎。为此，她独自一人远赴欧洲，游历非洲，主动创造条件改变自己不健康的个性。正是因为她对自己个性的主动改造，才使她在文学创作上获得了成功。

忘却也是一种能力。对于一些不愉快的事，一些不值一提的小事，一些没有意义的琐事，我们应该及时地忘掉。对于丢丑的事件，我们更要及时遗忘，把它放在心上，只会影响自己个性的发展与完善。

我们难免被生活的暗流冲击，留下累累的伤痕，以见证我们所遭受的种种磨难。但这磨难是教会我们成熟和坚强的，不是让我们牢记并痛苦的。忘却的能力也许比记忆的能力更难培养，但我们需要有这种能力让自己潇洒地活着。

要分清真正的困难

生活中我们确实可能遇到这样、那样的事。有些大事确实常常令我们痛苦不堪，而有些小事也会经常来困挠我们本来可以愉快的心情。细细想来，即使是我们降低要求去享受一下平静的心情都成了一种奢望。

可是，我们仍然可以发现许多人脸上挂着的那种发自内心的笑意。这是为什么？

他们不是没有人生的创痛，而是能分清什么是小挫折、什么是真正的痛苦和困难，并能正确对待。

多年前的一个夏天，约翰·斯罗德在一个小客栈找到一份在柜台值夜班和给马厩添饲料的工作。每晚当班时，总见即将回家的老板不客气地告诫他："不可马虎，我会天天查的！"那时斯罗德22岁，刚从大学毕业，血气方刚，对这位从无笑容的老板大为不满。

一星期过去了，雇员们每天一顿的午餐一成不变：两片牛肉熏肠，一点儿泡菜和粗糙的面包卷。午餐的钱竟还是从他们的工资中扣除的。"简直是法西斯分子！"

他变得难以忍受了。

斯罗德确实被激怒了。没有发泄的对象，他只能向来接他夜班的斯曼大发牢骚，宣称："总有一天，我要端一盘牛肉熏肠和泡菜去找老板，把这些东西一古脑儿朝他脸上扔去。""这地方真见鬼，我马上卷铺盖

第十一章
得之坦然，失之泰然——悲喜观

离开这里！"

斯罗德越讲火气越大，滔滔不绝地嚷了近20分钟，中间还夹杂着拍桌子声和下流的辱骂声。此刻，他忽然注意到斯曼一直不动声色地坐在那儿，用他那悲伤、忧郁的眼神看着他。斯曼当然有充分的理由悲伤、忧郁，因为他是犹太人，奥斯维辛集中营的幸存者，他很瘦弱，不停地咳嗽整整伴随了他3年。他似乎特别喜欢夜晚的工作，这样他感到安静，有足够的时间和空间回忆可怕的过去。对斯曼来说，最大的享受莫过于没有人再强迫他该干什么。在奥斯维辛，他就梦想着这个时光。

"听着，斯罗德听我说，你知道自己错在哪里吗？不是熏肠，不是泡菜，不是老板，不是厨师也不是这份工作。"

"我有什么不对？"

"斯罗德，你认为自己什么都懂，但你却连小小的挫折与真正的困难都分不清。假如你摔断了脖子，假如你整日填不饱肚子，假如你家的房子着火了，那才是遇到了难以对付的困难呢。任何事情都不可能尽如人意，生活本身就充满矛盾，它像大海的波涛一样起伏不平。学会区分什么是小小的挫折，什么是大的困难，不为小事而发火，你就会长生不老。祝你晚安。"

斯罗德觉得在自己的一生中，很少有人这样看透自己。在漫长的黑夜中，斯曼的当头棒喝，在他脑子里打开了一扇窗户。

如今，几十年过去了，每当斯罗德面临困境，遇到挫折，想大发其火，怨天尤人时，一张悲痛而又忧伤的脸庞就出现在他面前并问他："这是难以克服的困难，还是小小的挫折？"

生活之海波浪起伏。麦片粥结块了，或者胸腔里出现肿块，这当然完全不同，但是有人却似乎分辨不清，动辄发火，干出一些蠢事。

只有分清了什么是难以克服的困难，什么是小小的挫折，才能够保持良好的心态，避免心灵遭受巨大的挫折。

让自己充实一点儿

有时候，人的不快乐是因为空虚和无聊，所以才有时间去想那些让自己不快乐的事，而且越烦越想，越想越烦，到最后只能是找不到快乐。

人只有在忙碌的时候，才会体会到自己的存在和心灵的充实。如果你觉得无聊和空虚了，就不要再让自己继续这样的生活，让自己的身体快速地跟上生活的节奏，创造一些因你的存在才会变生出来的价值，你就会在一瞬间变得快乐起来。

一位成人教育学校的老师说，他在40年的教学生涯中，教过无数的学生，对很多学生都没有印象了，却永远也忘不了一个叫玛瑞安的学生。

几年前，玛瑞安家里遭遇不幸，所谓福无双至，祸不单行，这样的不幸发生不止一次，而是两次。第一次他失去了他5岁大的女儿——一个他特别喜欢的孩子。他的朋友都为他遭受的打击寄予了无限的同情。可是，命运是那么不公平，正如他所讲的，10个月之后，上帝又赐给他们另外一个小女儿——而她只活了5天就死了。

这接二连三的打击，使他几乎没有勇气继续生存下去。"我简直绝望了，"这位父亲说。他睡不着，吃不下，也无法休息或是放松。他的精神受到致命的打击，对生活完全失去了信心。最后，他去看了医生。一个医生建议他吃安眠药，另外一个则建议他去旅行。他两个方法都试过了，可是没有一样能够对他有所帮助。他说："我的身体好像被夹在一把巨大的钳子里，而这把钳子正变得越夹越紧。"那种悲哀给他的压力几乎使他忘了自己还是一个活着的人。

第十一章
得之坦然，失之泰然——悲喜观

"不过感谢上帝，我还有一个孩子——一个4岁大的儿子，他教我们得到解决问题的方法。有一天下午，我呆坐在那里为自己感到难过的时候，他问我：'爸爸，你能不能为我造一条船啊！'我实在没有兴致去造条船。事实上，我根本没有兴致做任何事情。可是我的孩子是个很会缠人的小家伙，我不得不顺从他的意思。"

"造那条玩具船大概花了我3个钟头，等到船弄好之后，我发现用来造船的那3个小时，是我几个月以来，第一次有机会放松我心情的时间。"

"这个发现使我从浑浑噩噩的生活中惊醒过来。它使我想了很多——这是我几个月来第一次开始想悲痛以外的问题。我发现，如果你忙着去做一些需要计划和思想才能做的事情的话，就很难再去忧虑了。对我而言，造那条船把我的忧虑整个吹散了，所以我决定让自己不断地忙碌。这也是我想到的治疗忧虑的唯一方法了。"

"第二天晚上，我巡视屋子里的每个房间，把所有该做的事情写在一张纸上。写完我才发现，家里还有好些小东西需要修理，比方说书架、楼梯、窗帘、门钮、门锁、漏水的龙头等等。更叫人想不到的是，在两个星期以内，我列出了240件需要做的事情。"

"在过去的两年里，我一直做着琐碎的事情。如今，那些事情大部分都已经完成。此外，我也尽力计划一些家庭以外的事情，使我的生活里充满了启发性的活动：每个星期，有两天晚上我都会去一家成人教育班学习知识，并参加了一些小镇上的活动。我现在是校董事会的主席，每周要参加很多的会议，并协助红十字会和其他的机构募捐。我现在简直忙得没有时间去忧虑。"

为什么"让自己忙着"这么一件简单的事情，就能够把忧虑赶出去呢？因为有这么一个定理——这是心理学上所发现的最基本的一条定理。这条定理就是：不论这个人多么聪明，人类的思想都不可能在同一时间想一件以上的事情。

　　让我们来做一个实验：假定你现在靠坐在一张藤椅上，闭起两眼，试着在同一个时间去想：自由女神，你明天早上打算做什么事情？这时候，你会发现你只能轮流地想其中一件事，而不能同时想两件事，从你的情感上来说也是这样。我们不可能既激动、热忱地想去做一些很令人兴奋的事情，又同时因为忧虑而拖累下来。在同一时间里，一种感觉会把另一种感觉赶出去。世界上有许许多多和玛瑞安有相似遭遇的人，但他们之所以获得新生，就在于他们找到了生命的原动力，"让自己忙着"不仅是人发泄苦痛的窗口，也是喷涌快乐的源泉。

　　"让自己忙着"实际上是治疗疾病的最好方法，尤其是心理方面的病症。因为，只有在劳动中一个人才可以激发出生命的动力，才能实现自己的价值，满足人的内心需要。

第十二章

成功更精彩,失败也要坚强——成败观

"捷径"因为省时省力,许多人都愿意去走一走。但捷径有捷径的走法,靠投机钻营、找歪门邪道去走捷径永远都不可能走到那个辉煌的塔尖。捷径是靠勤劳和智慧摸索出来的,当他人成功的时候,你要学会跟从和超越,这才是正确的捷径的走法。

多听别人的意见

我们年青的时候都很容易相信那句"走自己的路,让别人说去吧"的名言。然而,有多少人正是因为太相信这句话而吃尽苦头,走自己的路当然没错,但如果能够多听一听别人的意见,尽量少走弯路不是更好吗?

俗话说:"一处不到一处迷,"很多问题不是仅凭我们自己的想当然能解决的,一定要去见识一番才能了解情况。如果全靠自己去闯,受伤的机会就比较多了,因为你无法预料那个陌生的地方有没有陷阱荆棘,有没有毒蛇猛兽。若是向过来人问一问,安全系数就大大提高了。当然,你不能像小马过河那样,全听他人意见,重要的应该是结合自己的实际情况亲自实践一下。

有一个年轻人想独立创业,开一家服装店。他母亲知道他这个创业计划后,对他说:"你叔叔以前做过好多年生意,现在不做了,他很有经验,你不如去请教请教他。"

年轻人心想,叔叔做生意都是几年前的事了,他那点儿老经验拿到网络时代来用,只怕已过时得太久了。他决定按自己的思路做事。

年轻人租了一个临街的门面,这周围只有几家食品店和百货店。他想,在这儿开服装店,没有竞争对手,生意肯定错不了。没想到,开业后,他的生意十分冷清,别说买主,连进来瞧一瞧的人都很少。他以为这是刚开业,没知名度的缘故,做下去就好了。谁知过了半年,生意仍没有多大起色。眼看苦熬下去没有什么意思,宣布倒闭又心有不甘。正在犹豫时,母亲替他请来叔叔,帮忙看看生意不景气的原因。叔叔看了一眼就说:"你这地方开服装店不行,周围一家服装店也没有,不

第十二章
成功更精彩，失败也要坚强——成败观

招客。"

年轻人奇怪地问："为什么？"

"你的店面小，花色品种有限，对顾客的吸引力本来就不大，加上没有对手竞争，价格没有比较，顾客怎么会来呢？"

年轻人心想：看来这位老同志的经验还没有完全过时，说得还是有点儿道理的。既然这地方"风水不好"，那就只好关门大吉了。后来，他在叔叔的指点下，在另一个地点重开了一家服装店，这回生意做得很不错，现在已扩大成服装超市了。

或许，我们经常听到别人的忠告，自己也常常对别人提出忠告。然而，当人们给予你建议或忠告时，你是仔细聆听是否有理，还是认为人们故意找你麻烦呢？分清别人的意见是否切实可行，对于你而言是最宝贵的一笔财富。

有个猎人抓到一只鸟儿，神奇的是，这只鸟居然能说 70 种语言。

被关在笼子里的鸟儿哀求说："求求你，放了我吧！只要你放了我，我就送给你 3 个生存秘诀。"

猎人想了一下说："好，不过你得先说那 3 个秘诀，我才放你走。"

鸟儿听了之后，怀疑地看着猎人。

猎人看见鸟儿似乎不大相信，他举起手立誓："我发誓，只要你说了，我一定会放你走。"

鸟儿看见猎人发誓了，便说："那么你听好了！第一条是，做了就不要后悔。第二条是，如果有人告诉你一件事，只要你认为不可能，就千万别相信。第三条是，当你做不到时，就别勉强去做。"

忠告说完后，鸟儿便问猎人："可以放我了吧？"

虽然猎人还没完全理解这些忠告，不过他仍然遵守诺言，将鸟儿放了。

鸟儿开心地飞到树上，接着朝猎人大声喊道："你这个蠢蛋，谢谢

你放了我啊！不过，你一定没有料到，我嘴里正含着一颗价值连城的大珍珠，而且就是这颗珍珠让我如此聪明的。"

猎人一听，连忙跑到树下，他瞪大了眼，心中开始盘算着，要如何再将这只鸟儿捉住。

猎人懊悔地站在树下，过了一会儿，只见他开始往上爬，但是当他爬到一半时，却不小心掉了下来，还摔断了腿。

这时，鸟儿嘲笑他说："笨蛋！我刚才不是告诉你了吗？怎么马上就忘了呢？我不是说一旦做了就别后悔，为什么你现在又后悔了呢？还有，我说，如果有人对你说了你认为是不可能的事，就千万别相信他。可是，你居然相信我的小嘴含得住大珍珠。最后我不是说，如果做不到时，就别勉强自己吗？你看看，你为了捉住我，勉强爬上这棵大树，结果却摔断了腿，真是得不偿失啊！"

鸟儿在飞走前，又送了猎人一句话："对聪明的人来说，只要受过一次教训，他就会警惕；然而，愚笨的人即使受了100次教训，恐怕还不一定知道问题所在。"

就像这只会说70种语言的鸟儿所说的，如果不能从经验中汲取教训，那么即使人们告诉他前面有个陷阱，他也一样躲不过。

不要褊狭地看待人们给出的意见，我们需要的是有鉴别地听取别人的建议，并根据实际情况，灵活运用这些建议。

多听听他人的建议，并不会让我们有任何的损失，或许我们真的能从这些建议中，找出自己的缺失、调整自己的步伐，让我们能够不断从失败的教训中，获得最完整的经验累积，找到最便捷的通道。

第十二章
成功更精彩，失败也要坚强——成败观

从基层吸取经验

真知来源于实践，基层人物是最初的实践者，他们掌握着最原始的实践经验。在工作的第一线得到的是最具实用价值的宝贵经验。如果能适当听一听他们的意见，是最有可能得到快捷方法的。

别看那个员工整天站在机床前闷头干活，像一台没有思想的机器，说不定他的脑袋里就装着一个意想不到的好主意；别看那个人在干着扫地烧锅炉之类的粗活，完全像一个见识浅陋之人，说不定他的脑袋里也装着一个改良工作方法的好主意。

美国"石油大王"盖蒂曾买了一块石油储量极高的地。可是它太小了，夹在别人的地中间，只有一条极狭窄的通道，根本无法修一条铁路以运送笨重的钻井设备。眼看别人的钻井都竖起来了，盖蒂却一筹莫展，只好向员工讨主意。一位老工人说："也许可以定制一套小型设备，建一座小型钻井。这样可以降低运输难度。"盖蒂心里一亮：既然可以定制一套小型设备，为什么不可以修一条较窄的铁路呢？结果，这个超常规的主意解决了盖蒂的所有难题，他最终在这块地上竖起了钻井，并赚得几百万美元。

正因为低层员工经常能想到高层管理人员想不到的好主意，所以，国外众多优秀公司都特别重视疏通从高层到最低层的沟通渠道，使各种好主意和好建议尽快地变成公司的政策。比如，有的公司实行走动式办公，要求各级管理人员随时跟下属接触，最高首脑也经常下基层巡视，与最低层员工交流。有的公司根本不给中下级管理人员设立办公室，要求他们经常跟普通员工在一起。有的公司实行"敞门式"办公，任何级别的员工都可随时走进总经理的办公室反映情况。有的公司召开决策会议时，邀请员工代表参加。无论采取什么方法，目的都是为了听到基层员工的意见。

柯达公司的创始人乔治·伊士曼就很重视听取员工的意见。他认为公司的许多设想和问题，都可以从员工的意见中得到反映或解答。为了收集员工的意见，他设立了建议箱，这在美国企业界是一项首创。公司里任何人，不管是白领工人还是蓝领工人，都可以把自己对公司某一环节或全面的战略性的改进意见写下来，投入建议箱。公司指定专职的经理负责处理这些建议。被采纳的建议，如果可以替公司省钱，公司将提取头两年节省金额的15%作为奖金；如果可以引发一种新产品上市，奖金是第一年销售额的3%；如果未被采纳，也会收到公司的书面解释函。建议都被记入本人的考核表格，作为提升的依据之一。

柯达公司的"建议箱"制度，从1898年开始实施，一直坚持到现在。第一个给公司提建议的是一个普通工人，他的建议是软片室应经常有人负责擦洗玻璃。他的这一建议得奖20美元。设立建议箱100多年来，公司共采纳员工所提的70多万个建议，付出奖金达2000万美元。这些建议，减少了大量耗财费力的文版工作，更新了庞大的设备，并且弥补了无数工作中的漏洞。例如，公司原来打算耗资50万美元，兴建包括一座大楼在内的设施来改进装置机的安全操作。可是，工人贝金汉提出一项建议，不用兴建大楼，只需花5000美元就可以办到。这个建议后来被采纳，贝金汉为此获得5万美元的奖金。

进入20世纪80年代以后，柯达公司的员工向公司提建议更为积极。1983、1984两年有1/3以上的职工提过建议；公司由于采纳职工建议而节省了1850万美元的资金，为提建议的员工付出370万美元的奖金。柯达公司设立"建议箱"所取得的成果，吸引了美国不少企业。目前，相当多的企业已仿效柯达设立建议箱来吸收员工意见，改善经营管理。

所以基层才是产生智慧和艺术的最肥沃的土壤。2000多年前,曹刿说过一句很经典的话:"肉食者鄙,未能远谋!"当一个人名重位尊、养尊处优时,他的智慧实际上已经大打折扣了,若不从基层汲取智慧,决策的科学性、艺术性是根本无法保障的。

勤奋是迈向成功的最短路径

勤奋是通向成功的最短路径,也是实现梦想的最好工具,无论你身处哪种环境中,勤奋都是你最有力的武器,只要你肯勤奋努力,即使你天资较差也一定会有所收获。勤能补拙、天道酬勤说的就是这个道理。

勤奋往往能使你脱胎换骨,那些出类拔萃的人物,都是将勤奋当做金科玉律的人,再也没有什么比做起事来偷懒耍滑更能阻碍一个人成功的了——它会分散一个人的精力,灭失一个人的雄心,使我们只能被动地接受命运的安排,而不是主动地去主宰自己的生活。

《闲话集》中把对社会毫无价值的人当做死人,而只有当他们对别人有价值时才把他们看作是活着的。这样的话,有的人实际上20岁才出生,有的人则是30岁,有的人则是60岁,而有的人直到离开人世都没有真正生活过。

有人将人生比作一段旅程,是因为人生的艰难曲折,人在旅途上,他的目的不仅仅是游山玩水,他肩负着人生的使命,他要向前走,不停地走,一直走到人生的终点,体味人生的意义,无怨无悔地走完人生之途。旅途上的食粮是勤奋。没有它,一个人不能在人生路上走很远,即使能走远,也是碌碌无为的,走了很长的路,却依然两手空空。只有勤奋才能走好人生的路,获得事业的辉煌。无论是做到的亦或是没有做到的事,勤奋都可以让你做到。圣贤不是天生的,而是勤奋造就的。

南宋的思想家和教育家朱熹，是个从小就立志学孔子的人。在他上学时，一天上午，老师有事外出，没有上课，学生们高兴极了，纷纷跑到院子里的沙堆上游戏、打闹。不大的天井里，欢声笑语，沸沸扬扬。这时候，老师从外面回来了。他站在门口，望着这群天真活泼的孩子们"造反"的情景，摇摇头。猛然，他发现只有朱熹一个人没有参加孩子们的打闹，他正坐在沙堆旁，用手指聚精会神地画着什么。先生慢慢地走到朱熹身边，发现他正画着《易经》的八卦图呢！从此，先生便对他另眼相看了。

朱熹这样好学，很快成为博学的人。10岁的时候，他已经能够读懂《大学》、《中庸》、《论语》、《孟子》等儒家典籍了。孟子曾说："人人都可以成为尧舜那样的人。"当朱熹读到这句话时，高兴地跳了起来。他自言自语地说："是呀，圣人有什么神秘呢？只要努力，人人都能够成为圣人啊！"

高高在上的圣人其实并非可望不可及。治学之路，就如同登山，唯有攀登不辍，才能一步步靠近峰顶。"一览众山小"的圣人们的成功其实也是由勤奋得来的。《史记·孔子世家》记载："孔子晚而喜《易》，序《彖》、《系》、《象》、《说卦》、《文言》，读《易》韦编三绝。曰：'假我数年，若是，我于《易》则彬彬矣。'"孔子读《易经》竟然能把编联简册的牛皮翻断3次，可见其勤奋。不管你是一个凡人，还是一个圣人，"勤"在你成为圣人的努力过程中，始终不可缺少。

世上成功之事，缺了勤就会变得不易实现，如果有了勤，成功也就不会太难了。

伟大的劳动造就伟大的成功，而勤勉耕耘也会结出丰硕的果实。《史记》的作者司马迁，在其父司马谈死后第三年被任命为太史令。司马迁立志要写一部史书，通过网罗天下的旧闻轶事，考察事情的起始终末，"究天人之际，通古今之变，成一家之言"。司马迁如饥似渴地读了许多国家珍藏的书籍，同时整理各种历史资料，目的只有一个——完成这部著作。有一天，上大夫壶遂来拜访司马迁。他看到司马迁埋头看书，孜孜不倦的样子，有点儿不明白，就问："子长，听说你想写部史书，很好啊！可那不是件很容易的事，你没日没夜苦读，不觉得太辛苦了吗？"司马迁说："先父在世的时候说过，周公死后500年，出了个孔子，写了《春秋》。孔子死后到现在又有500年了，应该有人能写出像《春秋》那样的书。先父去世了，这件事我应该承担，我要当仁不让，也不敢谦让啊！"壶遂理解了司马迁的写作意图，了解他的心思后，高兴地点头说："子长，我明白了。你是要把这盛世的美德发扬光大，真是在做件大好事，我祝你早日成功。"不久，司马迁开始写作了。他反复研究和比较历代的史料，也认真整理自己亲手调查来的事实。经过多年的努力，一部史料详实全面、叙述生动感人的《史记》诞生了。它把远古时代的黄帝至汉武帝几千年的历史全部记录下来，气势宏大，比《春秋》有过之而无不及，被誉为"史家之绝唱，无韵之《离骚》"。

世界上有许多卓越的人物，他们取得成功的原因大多是靠勤奋得来的。他们中甚至有许多人资质不是太高，但却取得了别人无法取得的成就。所以，天生的缺点并不可怕，可怕的是失去一个人应有的勤奋精神。如果你要有所成就，就不该让懒惰控制了你的精神。

要做到勤学善思

我们所说的勤奋不是只会埋头苦干，机械地重复某件事情，而是要勤于动手，并在动手的过程中同时动脑。把某件事的运作程序熟悉之后，使量变有一定的积累，从而最终实现质变。

没有一个人的才华是与生俱来的，每一个成功者的背后，都有着一些不为人知的勤奋故事。在成功的道路上，除了勤奋，是没有任何捷径可走的。在每个成功者的身上，都可以看到勤劳的好习惯。鲁迅说得很形象："其实即使天才，在生下来的时候第一声啼哭，也和平常的儿童一样，绝不会就是一首好诗。""哪里有天才，我是把别人喝咖啡的工夫都用在工作上。"

笨鸟先飞，尚可领先，何况并非人人都是"笨鸟"。勤奋，使青年人如虎添翼，能飞又能闯。任何事情，唯有不停前进方可有生命力。社会不是享乐的天堂。在这个竞争激烈的世界里，人才云集，竞争对手强大，容不得我们有丝毫懈怠。

成绩的得来可不像老鹰抓小鸡那样容易，勤奋是唯一可以尽快取得成绩的法宝，停滞一步便会落后于人。

北京大学是中国的最高学府之一，这里的人勤奋学习的精神，应该对青年人有所启发。让我们来看一看吧，北大学生普遍形成勤奋的学风，很多同学早上6点就起床，晚上十一二点才去睡觉，去图书馆、教学楼苦读，长年不懈。

北大人不但勤于学习，还勤于思索，勤于社会实践活动之中。"先天下之忧而忧"始终是北大精神里长流不息的血液，他们思考着人生、思考着社会，并为之付出相应的行动。每逢寒暑假，他们都不放过学习的大好机会，或留在校园中读各类书籍，以强化专业、拓展学识；或积极投身于各类社会实践活动中，走南闯北，了解祖国各地的方方面面，大有一番"欲上青天揽明月"的豪情。

钱穆是现代著名的史学家、思想家，也是一位教育家，是从乡村中走出来的国学大师。他1931年到北大任教，之后又随西南联大到西南后方，直到1940年离开昆明去成都齐鲁大学国学研究所任教。这期间也曾在清华兼课，可以说是对北大、清华两校都有影响的国学大师。作为一代国学大师，钱穆与同时代其他思想家、学者不同，他没有念过大

第十二章
成功更精彩，失败也要坚强——成败观

学，非学院派；他没有留过洋，非西洋派；他甚至比不上长期生活在文化政治中心的梁漱溟，他来自中国社会最底层的乡村。他是从乡村中完全靠自身的努力走出来的史学巨擘。他在中小学任教之余，利用一切时间博览群书，经、史、子、集无不涉猎，亦极嗜好考据、训诂，终身以史学为归宿。

他的勤奋是很有特点、也很有代表性的。他无论是吃饭、课间休息、上厕所都要看书，不分严寒酷暑，夏天为防蚊叮，他学父亲把双足放在水中坚持夜读。又效仿古人刚日读经、柔日读史的方法，每日清晨必读经、子等难读之书，夜晚后开始读史书，上下午读一些闲杂书，科学安排时间。为了提高读书效率，有时间思考问题，1918年他学会了静坐，每天下午4点后必在寝室静坐，体悟到人生最大学问在于能虚此心，心虚才能静，才能排除杂念，专心攻读和思考。

语言学专家王力教授也自有其一番激人奋进的经历。王力教授常常向青年一代传授他的治学之道。他的成功来自于他的刻苦勤奋，他年轻时夜以继日地看书，天文地理、经史子集，博览群书，打下了后来做学问的基础。由于他的善思，在很短时间内他就可以找到做学问的诀窍，他24岁学英语，27岁学法语，50岁学俄语，80高龄开始学日语。这种勤学善思使他后来精通6国语言和几十种中国方言。"文化大革命"期间，王力遭到批斗，晚上坚持著书立说。1976年以后，他加快了研究的进度，每天坚持工作8小时以上。正是勤奋刻苦地学习，才使得王力教授博学多才，硕果累累。

如果说天才，王力教授可以算得上是一位天才了。可这"天才"不是天生造就的，而是通过勤学善思得来的，如果说成功，王力教授也可算得上是当之无愧的了，而这成功的途径，是用辛勤刻苦的汗水换来的。唯有勤奋、努力，不停地学习、进步，成功的征途才会少一些弯路，才会少一些曲折。

自古以来,唯有勤奋才是无往不胜的成功秘诀。头悬梁、锥刺股;凿壁借光;闻鸡起舞……无不体现着一个"勤"字。青年人要养成勤的习惯,唯有如此,才会在成功之路上少走一些弯路。

勇气造就辉煌

美国心理学家斯科特·派克说:不恐惧不等于有勇气;勇气使你尽管害怕,尽管痛苦,但还是继续向前走。在这个世界上,只要你真实地付出,就会发现许多门都是虚掩的!微小的勇气,能够创造无限的成就。

有一个国王,他想委任一名官员担任一项重要的职务,就召集了许多威武有力和聪明过人的官员,想试试他们之中谁能胜任。

"聪明的人们,"国王说,"我有个问题,我想看看你们谁能在这种情况下解决它。不过我有个规定,假如你认为自己有能力做好它,那么就来试试,成功之后,我将重重有赏。但是,如果你不能确信自己可以完成就不要去试,因为不成功那是会杀头的。"国王领着这些人来到一座大门——一座谁也没见过的最大的门前。国王说:"你们看到的这座门是我国最大最重的门。你们之中有谁能把它打开?"许多大臣见了这门都摇了摇头,其他一些比较聪明一点儿的,也只是走近看了看,没敢去开这扇门。这时,一位大臣走到大门处,用眼睛和手仔细检查了大门,用各种方法试着去打开它。最后,他抓住一条沉重的链子一拉,门竟然开了。其实大门并没有完全关死,而是留了一条窄缝,任何人只要仔细观察,再加上有胆量去开一下,都会把门打开的。国王说:"你将要在朝廷中担任重要的职务,并赏黄金万两,因为你不光限于你所见到的或所听到的,你还有勇气靠自己的力量冒险去试一试。"就这样,这

第十二章

成功更精彩，失败也要坚强——成败观

位大臣身任重职，也确实做出了不小的贡献。

史东是"美国联合保险公司"的主要股东和董事长，同时，也是另外两家公司的大股东和总裁。

然而，他能白手起家，创出如此巨大的事业却是经历了无数次磨难的结果，或者我们可以这样说，史东的发迹史也是他勇气作用的结果。

在史东还是个孩子时，就为了生计到处贩卖报纸。有家餐馆把他赶出来好多次，他却一再地溜进去，并且手里拿着更多的报纸。那里的客人为其勇气所感动，纷纷劝说餐馆老板不要再把他踢出去，并且都解囊买他的报纸。

史东一而再、再而三地被踢出餐馆，屁股虽然被踢痛了，但他的口袋里却装满了钱。

史东常常陷入沉思："哪一点我做对了呢？""哪一点我又做错了呢？""下一次，我该这样做，或许不会挨踢。"就这样，他用自己的亲身经历总结出了引导自己达到成功的座右铭：

"如果你做了，没有损失，而可能有大收获，那就放手去做。"

当史东16岁时，在一个夏天，在母亲的指导下，他走进了一座办公大楼，开始了推销保险的生涯。当他因胆怯而发抖时，他就用卖报纸时被踢后总结出来的座右铭来鼓舞自己。

就这样，他抱着"若被踢出来，就试着再进去"的念头推开了第一间办公室。

他没有被踢出来。那天只有两个人买了他的保险。从数量而言，他是个失败者。然而，这是个零的突破，他从此有了自信，不再害怕被拒绝，也不再因别人的拒绝而感到难堪。

第二天，史东卖出了4份保险。第三天，这一数字增加到了6份……

20岁时，史东设立了只有他一个人的保险经纪社。开业第一天，

销出了 54 份保险单。有一天，他更创造一个令人瞠目的纪录——122 份。以每天 8 小时计算，每 4 分钟就成交了一份。

在不到 30 岁时，他已建立了庞大的史东经纪社，成为令人叹服的"推销大王"。

推销员，可能是世界上最需要脸皮的职业之一。可以说，不经过千百次的被拒绝的折磨，就不能成为一个优秀的推销员。史东有句名言，"决定在于推销员的态度，而不是顾客……"

所有的成功者都离不开勇气的支撑，因为太过谨慎而没有勇气去推一扇门，所以你可能与成功擦肩而过。当别人成功时你又会羡慕人家的幸运。事实上，命运也给过你机会，可是你没敢伸手去抓住它，你有什么理由慨叹命运的不公呢？还是拿出你的勇气，努力抓住每一次机会吧，你的成功在于你自己而不在于命运的安排。

带着勇气上路

勇气是一种滋补剂，它是世界上最好的精神药物，如果期待着自己的伟业，并且相信能够成就这番伟业的话；如果能让自己尽早展现出勇气，并带着勇气上路，那么当在前行的道路上遇到让我们灰心失望的失败时，我们会知道那只是暂时性的，胜利最终会握在手中。

有一天，龙虾与寄居蟹在深海中相遇，寄居蟹看见龙虾正把自己的硬壳脱掉，只露出娇嫩的身躯。寄居蟹非常紧张地说："龙虾，你怎么可以把唯一保护自己身躯的硬壳也丢弃呢？难道你不怕有大鱼一口把你吃掉吗？以你现在的情况来看，连急流也会把你冲到岩石上去，到时你不死才怪呢？"

龙虾气定神闲地回答："谢谢你的关心，但是你不了解，我们龙虾

第十二章
成功更精彩，失败也要坚强——成败观

每次成长，都必须先脱掉旧壳，才能生长出更坚固的新壳，现在面对的危险，只是为了将来发展得更好而做的准备。"

寄居蟹细心思量一下，自己整天只找可以避居的地方，而没有想过如何令自己成长得更强壮，每天只活在别人的护荫之下，难怪永远都不能发展。

对于那些害怕危险的人，危险无处不在。每个人都有一定的安全区，你想跨越自己目前的成就，请不要划地自限，勇于接受挑战充实自我，你一定会发展得比想象中更好。

波斯王薛西斯一世率领强大的军队从东边向希腊进军，他们沿着海岸行进，几天之后就会到达希腊。希腊由此而陷入危险困境之中，希腊人下定决心抵抗入侵者，保卫他们的民众和自由。

波斯军队只有一个途径可以从东边进入希腊，那就是经由一个山和海之间的狭窄通道——瑟摩皮雷隘口。

守卫这个隘口的是斯巴达人——里欧尼达斯，他只有几千名士兵。波斯的军队比他们强大许多，但是他们充满信心。经过两天的攻击后，敌人仍无办法通过。但是一天晚上，一个希腊人出卖了一个秘密：隘口不是唯一的通路，有一条长而弯曲的猎人小径可以通到山脊上的一条小路。

叛徒的阴谋得逞了。守卫那条秘密小径的人受到袭击，并且被击败了。几个士兵及时逃出去报告里欧尼达斯。

面对如此严峻的形势，里欧尼达斯以大无畏的勇气制定了作战计划：他命令大部分的军队，偷偷从山里回到需要他们保护的城市，只留下他的 300 名斯巴达皇家卫兵保卫隘口。波斯人攻来了，斯巴达人坚守隘口，但是他们一个接一个地倒下去了。当他们的矛断裂时，他们肩并肩地站着，以他们的剑、匕首或拳头和敌人作战。

一整天，300 名斯巴达人都战死了，在他们原来站立的地方只有一

堆尸体，而尸体上竖立着矛和剑。

薛西斯一世攻下了隘口，但是耽搁了数天。希腊海军得以聚集起来，而且不久之后，他们便将薛西斯一世赶回亚洲了。

许多年后，希腊人在瑟摩皮雷隘口竖起了一座纪念碑，碑上刻着这些斯巴达人勇敢保卫他们家园的纪念文字：

"旅行者，先不要赶路，驻足追念斯巴达人，在此，如何奋战到最后。"

斯巴达人也因其勇敢的行为举动，而永远成为了勇气的代名词。我们要记住斯巴达人那种不畏艰难、勇于牺牲的精神和勇气，并以此为榜样，加以锻炼和培养。也许我们听说过许多类似在战场上表现出极大勇气的英雄故事，但我们更需要在家里、在日常生活中拥有勇气，无论发生了什么事情，带着微笑去面对这个世界，这需要极大的勇气；永远相信自己，不要随波逐流，这更需要勇气。

在英国伦敦，有一位卖糖果的小贩，他每天都固定出现在某一个市区小孩子聚集的地方，所以那里的小孩没有不认识他的。每当生意欠佳的时候，他就会放一些五颜六色、各式各样的气球升空来吸引更多的小朋友前来买糖。

孩子们往往看到那些红的、白的、黄的以及黑的气球升空，都感到十分兴奋，都纷纷鼓掌叫好。这时，有一位黑人小孩站在一旁，眼睛望着气球，心中觉得很纳闷，于是他就走过去问小贩："叔叔，为什么黑色气球跟其他颜色的气球一样也会升空呢？"

小贩不懂他的意思，就反问他说："嘿，小朋友，你为什么要问这个问题？"黑人小孩回答说："因为从小在我的印象里，黑人象征着穷、脏、乱、苦和无知。我看到白种人、黄种人甚至印第安人都辉煌腾达、成功致富，过着令人羡慕的生活。可是我从来就没有看到一位黑人出人头地。所以当我看到红色气球、黄色气球、白色气球升空，这点我相信，可是我从来就不相信黑色气球也会升空的，真的，我刚才看到了它也能升空，所以我想来问问你。"

小贩明白了他的意思，告诉他："啊，小朋友，气球能不能升空，问题并不在它外在的颜色，而是内部是不是充满气，只要充满了气，不管什么颜色都会升空。同样的，人也是一样，一个人能不能成功，跟他的肤色、性别、国籍、种族都没有关系，要看他的内心是不是充满了勇气和智慧。"

只要一个人内心充满了勇气和智慧，就一定能成功，一定会翱翔于蓝天。而他的外在条件并不能成为阻碍他成功的绝对因素。

走出模仿误区

书法学习者都知道：描摹古代的法帖，是一种最基本的学习方法。而且在描摹过程中，摹到形似是最初的境界，而摹到神似才是真正达到了描摹的目的。我们模仿他人的成功经验也同样如此，模仿到表面的东西终归只是一种浮浅的表现，而模仿到成功的精髓和实质才是真正达到了模仿的境界，才能让这种经验真正为我所用，才能表达自我，创造更新的东西。

如果你是一位网球爱好者，你通常都会为网球4大满贯上演的精彩好戏而激动。而那些网坛高手，"瑞士天王"费德勒、"沙皇"萨芬、罗迪克、休伊特、海宁、大小威、达文波特、莎拉波娃等等名字也会让你激动，很多时候你会被他们的扎实技术、灵活奔跑、ace球等所折服。当你去打网球时，也许心里就会想："我要是能击出像罗迪克那样的ace球就好了，我要是能像费德勒那样恰到好处地回击多好呀，我要是能学到阿加西的底线接发球与自如地调动对手，就太完美啦……"

是的，无论你学什么，你一开始一定是在模仿，在学习网球上，一般来说，你模仿的对象应该是你身边的网球高手，再一个就是电视里和杂志里你的偶像。

而在球场上，我们通常会看到一个有着和费德勒一模一样发球引拍动作的人却会发出"棉花球"，也许更糟，连球都发不过网。那是怎么回事呢？原来，这位发出"棉花球"的网球爱好者陷入了一个常见的模仿的误区。

首先我们来注意一下我们是怎么模仿的。当我们在看图片或慢镜头的画面时，我们常常被网坛顶尖高手的潇洒自如的动作所吸引，举个例子：我们看费德勒截击的慢镜头，就会看到他从容地把球拍从高处使劲往慢慢飞来的球切下去，把球送到对方鞭长莫及的地方，完成一次精彩的截击得分。

可当我们到球场上，试着用留在脑子里的动作把球拍先拉到身后高处，再往来球切去时，我们会发现，我们要么根本就切不到球，因为来的球太快了，要么会经常的截击下网出界。事实上我们在犯着截击的大忌：动作幅度过大、去切球而不是理论上的用拍面去撞击来球、并且用力过猛。

那么，我们在什么地方出了错误呢？答案是模仿。

通常在电视的慢镜头里出现的清楚优美的击球，只是选手在打最容易得分的慢球时的镜头，而我们面对的来球大部分是并不容易的球，所以你模仿的对象错了。如果你注意观察，其实大部分的费德勒得分的截击球都是在很快的时间里靠着他的反应，把球挡到对方场地的死角得分，或迫使对方在很紧急的情况下失误得分的。

再仔细一点，你还能发现他的截击得分的球几乎每一个都不一样，但它们的道理是一样的，把球挡过去。而慢镜头里的动作是因为球速比较慢，所以他必须用力地送到某处，也就是说把挡的动作放慢就成为

第十二章
成功更精彩,失败也要坚强——成败观

了送。

所以我们在学习网球时,特别是在通过模仿学习的时候,特别要注意自己模仿的动作,它是发生在什么情况下,它发生的道理是什么,仔细地考虑这些问题,你才不至于走弯路,才能更好地理解网球,享受网球。

事实上,在学习网球时的模仿是这样,学习或模仿任何事情上都跟这个道理相通。要想快速掌握别人的优点,捷径无疑是模仿。只是,有效的模仿是把被模仿者的关键之处模仿到手,而不是学到表面上的东西。用一句话总结就是,模仿,要学形更要学神。否则,学到的只能是"棉花球"。

所以,模仿之败,往往是败在失败者只是在做一种低层次的、简单的和表面上的模仿,只是模仿到了他人的表面功夫,而没有真正学习到别人骨子里的东西,没有模仿到他人实质上的关键成功因素,没有把模仿对象的灵魂"捉到"自己身上来。